Cáncer
Origen, evolución y tratamiento

Una explicación a nivel celular en un lenguaje coloquial simple

Dr. Jorge Escarza

BARKER & JULES®

BARKER & JULES®

CÁNCER ORIGEN, EVOLUCIÓN Y TRATAMIENTO

Edición: Jorge Escarza
Diseño de Portada: Zaira Munizaga | BARKER & JULES™
Diseño de Interiores: Jessica Vallejo Huerta | BARKER & JULES™
Ilustraciones de Jorge Escarza y Mind the graph.

Primera edición - 2022

I.S.B.N. Paperback | 978-1-64789-955-4
I.S.B.N. Hardcover | 978-1-64789-956-1
I.S.B.N. eBook | 978-1-64789-954-7

Derechos de Autor - Número de control Library of Congress: 1-11288266781

BARKER & JULES, LLC
3776 Howard Hughes Pkwy 549, Las Vegas, NV 89169
barkerandjules.com

"El conocimiento es el tesoro más valioso que existe, porque tiene que ganarse, no puede arrebatarse y al compartirlo se multiplica".

ESTIMADO LECTOR

En lo personal, siempre me ha parecido reconfortante la tranquilidad que el conocimiento otorga, sin embargo, en ocasiones la información se nos presenta de forma compleja y desordenada dificultando mucho nuestro acceso a ella. La intención de escribir este libro fue explicar en un lenguaje coloquial los orígenes genéticos y celulares del cáncer, simplificar al máximo los contenidos y presentar la información de forma clara, ilustrada y organizada a modo de que cualquier persona interesada tenga acceso a esta información.

A lo largo de esta obra se describirá a profundidad la naturaleza de la función celular y se explicará cómo la alteración maligna de los códigos escritos en nuestro genoma es siempre y en todo lugar el origen de todos los tipos de cáncer.

Comenzaremos introduciendo conceptos biomédicos básicos con el propósito de crear en el lector un marco conceptual suficiente para comprender los detalles técnicos que serán abordados más adelante. Posteriormente, se describirán las distintas etapas del desarrollo de la enfermedad desde un punto de vista genético y celular, avocándonos al hecho de que todo síntoma y manifestación orgánica del cáncer tiene su origen dentro de la célula. Finalmente, se describirá el mecanismo de acción de los tratamientos médicos que han demostrado una mayor eficacia combatiendo la enfermedad.

Estoy convencido de que al finalizar este libro quedarás tan maravillado como yo de la universalidad del código genético que, sin importar la rama filogenética que observes, en términos generales, es el mismo para toda la vida en la tierra.

PREFACIO

La completa decodificación del genoma humano marcó un antes y un después en el estudio de las ciencias biomédicas. El conocimiento de la secuencia y organización de los genes que, a modo de receta, construyen a un ser humano permite el análisis sistemático de las alteraciones genéticas que subyacen al origen y evolución del cáncer.

El estudio de la biología y genética del cáncer, así como el uso de la bioinformática aplicada al campo de la oncología, ha transformado nuestra comprensión de los procesos moleculares, genéticos y celulares involucrados en el crecimiento y proliferación de células cancerígenas. Un conocimiento más profundo de la etiología de la enfermedad permite el desarrollo acelerado de estrategias para combatirla.

La primera célula cancerígena surge como resultado de alteraciones genéticas que modifican el funcionamiento de las proteínas que regulan la actividad celular normal. Además, la acumulación sostenida de alteraciones dentro de la misma célula, así como el deterioro de su capacidad para reparar los daños en su ADN, incrementa progresivamente su agresividad.

Una de las razones principales que hace del cáncer una enfermedad tan compleja y difícil de erradicar es que la alteración aleatoria de los códigos escritos en su genoma le otorga constantemente nuevas habilidades que le permiten escapar de los mecanismos reguladores normales. Además, son capaces de generar resistencia a los medicamentos anticancerígenos dificultando mucho su eliminación.

Afortunadamente la literatura científica sobre el cáncer ha mantenido un crecimiento sostenido y hoy abarca millones de publicaciones de investigación. Esta expansión acelerada de conocimiento ha dado frutos y hoy en día disfrutamos de tratamientos que incrementan enormemente las probabilidades de remisión del paciente. Por ejemplo, el cáncer de mama ha alcanzado una tasa de supervivencia a 5 años del 87%, comparado con el 40% de hace 50 años. Otro de muchos casos de éxito es el descubrimiento del grupo de diferenciación CD 30 que se expresa en alta densidad en células del linfoma de Hodgkin, haciendo posible crear anticuerpos adheridos a medicamentos que son dirigidos específicamente contra las células cancerígenas y consiguiendo que más del 80% de los pacientes se pueda curar con un tratamiento adaptado al riesgo que incluye quimioterapia y radioterapia.

Tal vez las células cancerígenas sean capaces de adaptarse y evolucionar, pero la investigación científica le sigue el ritmo y no se detiene. Al contrario, avanza a ritmos agigantados. Cada día, cada éxito, cada batalla ganada nos acerca más a una victoria definitiva. A juzgar por las decenas de miles de investigaciones oncológicas que se publican cada año, es claro que estamos cada día más cerca.

ÍNDICE

ESTIMADO LECTOR 7
PREFACIO 8
INTRODUCCIÓN 13

CAPÍTULO 1. La estructura celular 16

CAPÍTULO 2. El genoma humano 22
2.1. El ácido desoxirribonucleico (ADN) 22
2.2. La replicación del ADN 25
2.3. La naturaleza del gen y el código que alberga 29

CAPÍTULO 3. Proteínas y su exorbitante importancia 45

CAPÍTULO 4. La alteración del código: mutación 57
4.1. Mutaciones 57
4.2. El origen de las mutaciones 67
4.3. Reparación de las mutaciones 72

CAPÍTULO 5. El ciclo celular 77
5.1. Interfase 80
5.2. Fase mitótica 82
5.3. Puntos de control del ciclo celular 88
5.4. Señales bioquímicas y factores de transcripción que regulan el ciclo celular 92
5.5. Proteínas quinasas y su rol regulador 94
5.6. Señales que activan y coordinan el ciclo celular 103

CAPÍTULO 6. Apoptosis: muerte celular programada 110

CAPÍTULO 7. Organización celular 120
7.1. Tipos de tejido 125
7.1.1. Tejido conectivo 125
7.1.2. Tejido epitelial 128
7.1.3. Tejido nervioso 130
7.1.4. Tejido muscular 131

CAPÍTULO 8. Células madre 134

CAPÍTULO 9. ¿Qué es el cáncer? 139

CAPÍTULO 10. Orígenes genéticos del cáncer 145
10.1. Protooncogenes y genes supresores de tumores 147
10.2. Virus oncogénicos 150
10.3. Reordenamientos cromosómicos 161

CAPÍTULO 11. Clonación de células cancerosas: tumores 166
11.1. Origen tisular de los tumores 172

CAPÍTULO 12. Cáncer en el tejido sanguíneo 180
12.1 Hematopoyesis 183
12.1.1. Linaje mieloide 183
12.1.2. Linaje linfoide 197
12.2. Leucemias 201
12.2.1. Leucemia mieloide aguda (LMA) 201
12.2.2. Leucemia linfoblástica aguda (LLA) 204

12.2.3. Leucemia mieloide crónica (LMC) 205
12.2.4. Leucemia linfoide crónica (LLC) 206
12.3. Linfomas 207
12.4. Mieloma múltiple (MM) 209

CAPÍTULO 13. Tratamiento 211
13.1. Quimioterapia 212
13.2. Terapia dirigida 217
13.3. Radioterapia 222
13.4. Inmunoterapia 233
13.4.1. Respuesta inmune innata 235
13.4.2. Respuesta inmune adaptativa 237
13.4.3. Técnicas de inmunoterapia 241

GLOSARIO 247
LITERATURA CONSULTADA 252

INTRODUCCIÓN

Si despertaras un día con la habilidad de ver a escala microscópica y te detuvieras a observar la palma de tu mano te darías cuenta de que está formada por estructuras redondeadas, nucleadas y aplanadas dispuestas una tras otra llamadas células (Fig. 1).

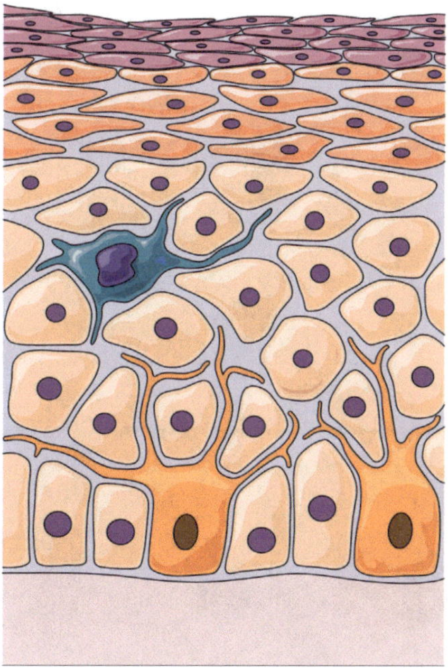

Fig. 1. Capa externa de la piel y las células que la componen.

Pero, ¿qué es una célula? Podríamos definirla como la estructura más pequeña que cumple con los requisitos fundamentales para ser considerada vida: nacer, crecer, reproducirse, metabolizar nutrientes, interactuar con su entorno y morir. La capacidad para interactuar con el ambiente que las rodea permite a las células asociarse unas con otras para beneficiarse de la división del trabajo. Como fruto de estas agrupaciones celulares surgen organismos complejos como el ser humano, el cual es el resultado de la asociación mutuamente beneficiosa de más de 200 tipos de células diferentes.

¿Y estos 200 tipos de células que conforman el cuerpo humano cómo surgen? Durante la concepción, un espermatozoide y un óvulo se fusionan para crear una célula madre todopoderosa conocida como huevo o cigoto capaz de autorreplicarse y transformarse en cualquier tipo de célula humana (Fig. 2).

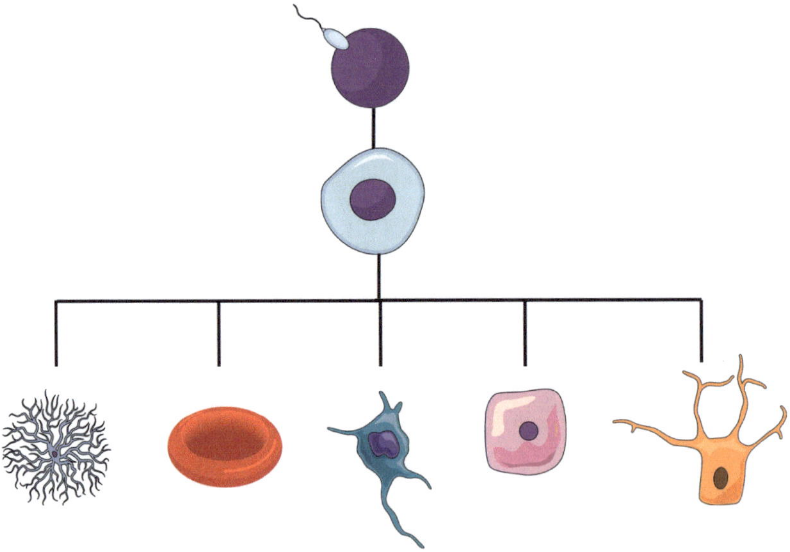

Fig. 2. Fusión de células germinales para crear una célula madre totipotente capaz de transformarse en más de 200 tipos de células hijas.

A lo largo de la gestación, la célula madre se multiplica y se transforma en células hijas especializadas que se agrupan en tejidos, que a su vez se organizarán en órganos y en su conjunto darán origen a un nuevo individuo.

Este complejo nivel de organización se consiguió a través de millones de años de evolución con la intención de desempeñar cooperativamente una función común. Esta interacción coordinada de células diferenciadas con múltiples especializaciones permite a los organismos desempeñar las actividades metabólicas, reproductivas y sociales que nos caracterizan.

CAPÍTULO 1

La estructura celular

La célula humana es una compleja maquinaria compuesta por múltiples estructuras conocidas como organelos que trabajan en sintonía para mantener a la célula con vida. Cada uno de los organelos desempeña una tarea específica que permite a la célula ejecutar funciones como respirar, alimentarse, comunicarse, responder a estímulos externos e internos, defenderse y reproducirse. Podríamos ver a los organelos como el análogo microscópico de nuestros órganos, los cuales desarrollan actividades especializadas y mutuamente dependientes que permiten a nuestro cuerpo desempeñar sus funciones vitales.

Para los fines que nos interesan describiremos cinco partes de la célula: membrana, citoplasma, núcleo, ribosomas y mitocondrias (Fig. 3).

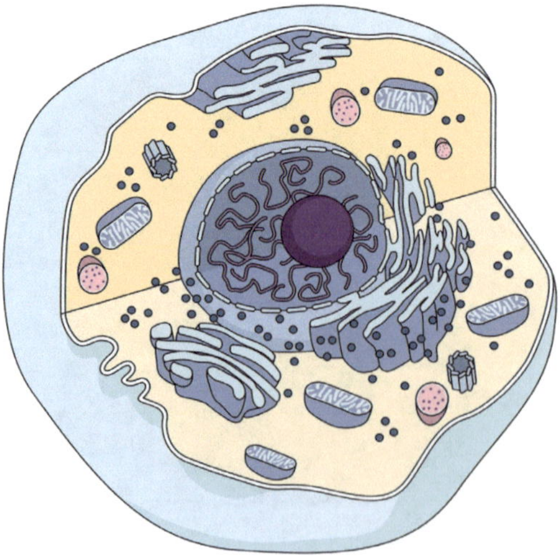

Fig. 3. Imagen de una célula animal que muestra sus componentes internos.

La membrana de la célula. Es la corteza que funciona como un recipiente en el que se encuentran inmersos todos los organelos celulares. Su estructura es muy similar a la de un globo formado por una doble capa de grasas, azúcares y proteínas dispuestas y enlazadas de forma que permitan mantener la rigidez celular pero conservando una fluidez continua entre los componentes (Fig. 4).

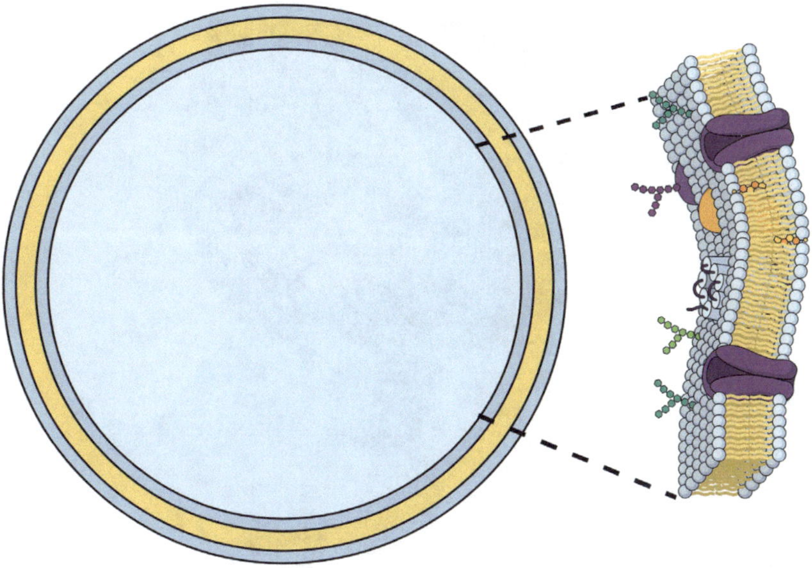

Fig. 4. Representación gráfica de la estructura general de la membrana celular y un corte con acercamiento que muestra el mosaico fluido de las distintas sustancias que la conforman.

Su característica principal es la permeabilidad selectiva que le confiere la habilidad de interactuar con el medio externo y discriminar entre lo que debe y no debe entrar a la célula. Entre sus principales funciones se encuentran el mantenimiento de la estructura celular, el intercambio de sustancias con el medio externo, la respuesta a estímulos y la comunicación a través de los numerosos receptores de señales que se encuentran anclados a su superficie. Estos receptores funcionan como pequeños satélites que emiten e interpretan señales provenientes del exterior otorgándole a la célula la capacidad de comunicarse e interpretar las señales recibidas.

El citoplasma. Es un líquido viscoso con una consistencia similar a la clara de un huevo en el que se encuentran inmersos los organelos celulares (Fig. 5).

Fig. 5. Representación didáctica de la consistencia viscosa del citoplasma.

Entre sus múltiples funciones podemos destacar dos:

1. Fungir como medio de reacción permitiendo la interacción, creación y destrucción de sustancias con fines diversos.

2. Funciones biosintéticas esenciales, ya que en esta región se lleva a cabo la creación desde cero de azúcares, grasas y proteínas.

El núcleo. Es un organelo ubicado en el centro de la célula que alberga en su interior al ADN (Fig. 6). Su principal función es proteger la información contenida en el ADN a través de barreras físicas, así como controlar su expresión y replicación. Es algo así como "el cerebro" de la célula, funciona como un centro de mando que utiliza la información codificada en el ADN para enviar las señales que la célula necesita para ejecutar la totalidad de sus funciones.

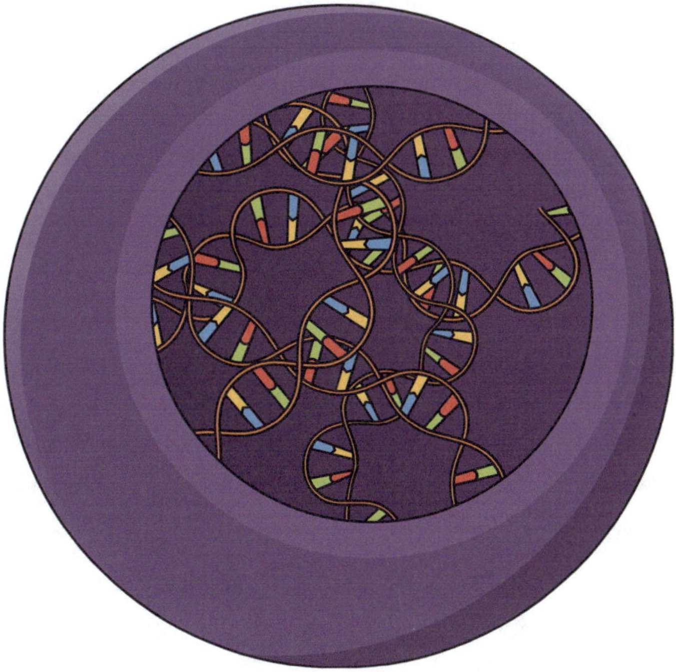

Fig. 6. Imagen del núcleo representado como un caparazón difícilmente penetrable que guarda en su interior al ADN.

Los ribosomas. Son organelos ubicados en el citoplasma que desempeñan un papel crucial en la creación de proteínas. Su función es leer los mensajes encriptados que provienen del núcleo y que contienen las instrucciones para sintetizar proteínas (Fig. 7).

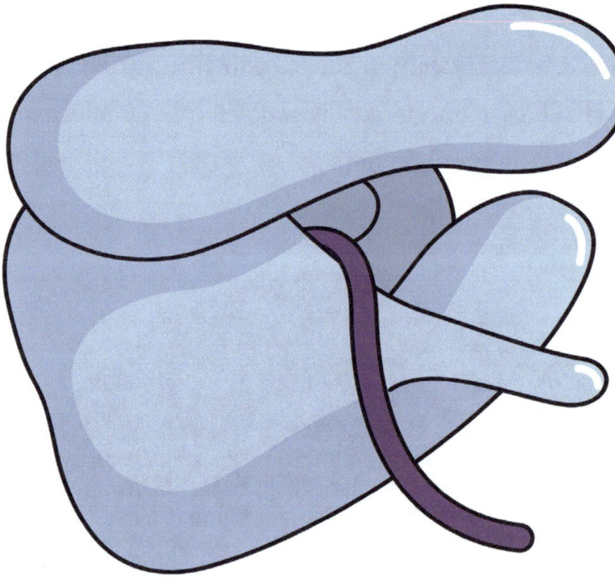

Fig. 7. Ribosoma ejecutando la síntesis de una proteína.

Las mitocondrias. Son organelos que, de acuerdo con la teoría celular dominante, surgieron cuando una bacteria fue "tragada" por una célula primitiva, pero no digerida, y se creó una relación de mutuo beneficio donde la célula hospedera proporcionaba refugio y alimento y, a cambio, la bacteria usaba los nutrientes proporcionados para generar la energía que la célula necesitaba. El resultado fue tan beneficioso para ambas que continuaron multiplicándose juntas y evolucionando hasta que esa bacteria se transformó en las mitocondrias que conocemos hoy en día.

La función de las mitocondrias en las células humanas es indispensable, ya que es el organelo encargado de transformar grasas y azúcares en energía. Pensemos en ella como un pequeño reactor que "quema" grasa y azúcar para producir energía. Su estructura es la de un pequeño "frijol" formado por varias cámaras separadas por delgadas membranas (Fig. 8).

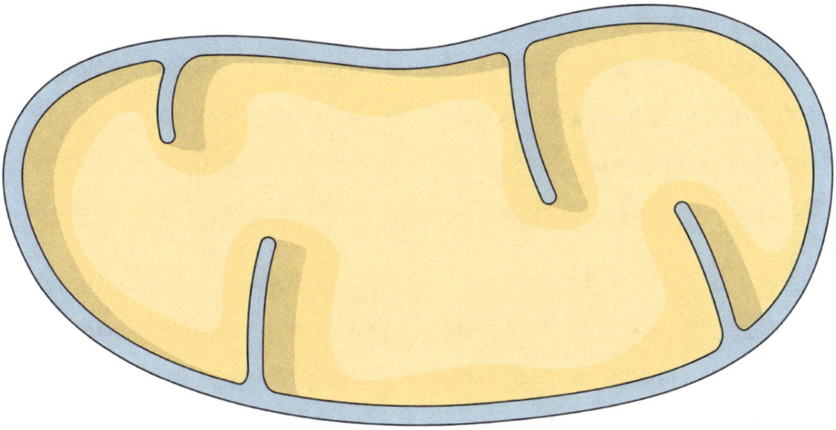

Fig. 8. Imagen representativa de un corte longitudinal de la mitocondria.

CAPÍTULO 2

El genoma humano

Antes de adentrarnos a dilucidar la naturaleza etiológica del cáncer es fundamental tener una noción clara del genoma humano, el código genético y el ciclo celular, ya que, como veremos más adelante, la alteración de los códigos que regulan el ciclo celular son el origen de esta enfermedad.

Cuando hablamos de genoma humano nos referimos al conjunto de información que ha sido heredada de nuestros ancestros y contiene las órdenes que la célula debe seguir para desempeñar sus funciones vitales. Esta información se almacena en forma de ADN, es decir, la estructura hegemónica en la que está codificado el genoma de todos los organismos de orden superior como los seres humanos.

2.1. El ácido desoxirribonucleico (ADN)

El ADN es una diminuta partícula que pertenece a la familia de los ácidos nucleicos y posee la habilidad de almacenar información en forma de genes. Mide aproximadamente 2 metros de longitud y está compactado en un espacio de tan solo unas micras de diámetro. Tal hazaña se consigue gracias a distintos niveles de empaquetamiento.

El primer nivel de empaquetamiento se crea con ayuda de unas proteínas llamadas histonas, las cuales son como pequeñas pelotas que enrollan al ADN formando una superestructura y tienen un aspecto similar a un collar de perlas llamado polinucleosoma (Fig. 9).

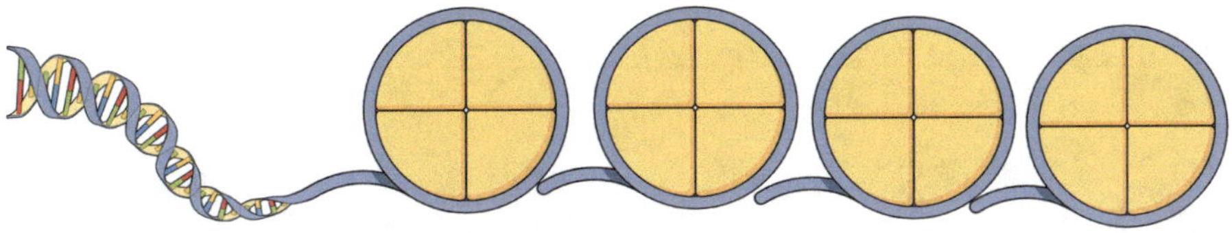

Fig. 9. Empaquetamiento del ADN alrededor de las histonas en forma de un "collar de perlas", formando el polinucleosoma.

Posteriormente, el polinucleosoma sufre un plegado por acción de nuevas histonas dando lugar a una fibra continua denominada cromatina, que es la forma en la que permanece el material genético dentro del núcleo. Se observa como una maraña desordenada que únicamente se ordena cuando se inicia un ciclo de replicación celular dando origen al último nivel de empaquetamiento del ADN: los cromosomas (Fig. 10).

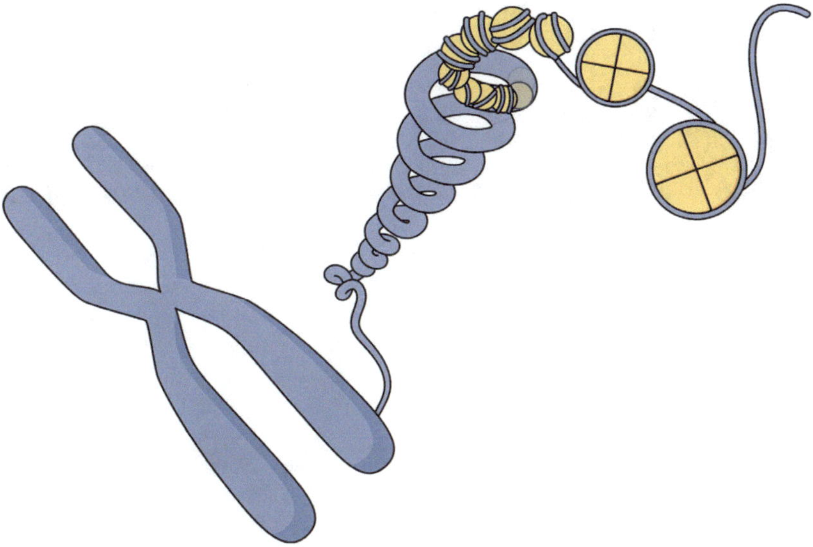

Fig. 10. Cromosoma formado por el enrollamiento de cromatina.

Cuando el ADN es desenrollado se observa como una doble hebra en forma de hélice. Dichas hebras serpentean una alrededor de la otra como en una escalera de caracol (Fig. 11).

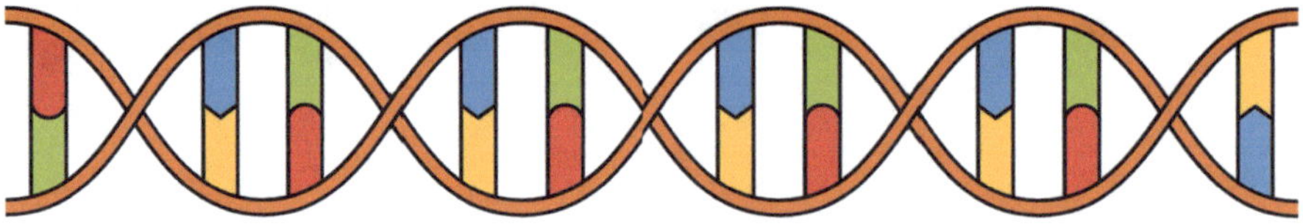

Fig. 11. Estructura de doble hélice típica del ADN.

Esta doble hebra está constituida por unidades a las que llamaremos bases de ADN, las cuales se encuentran unidas una tras otra en patrones aleatorios. Existen 4 bases distintas que constituyen el ADN. Para fines didácticos no ahondaremos en su estructura química y las nombraremos como: **T, A, C y G** (Fig. 12).

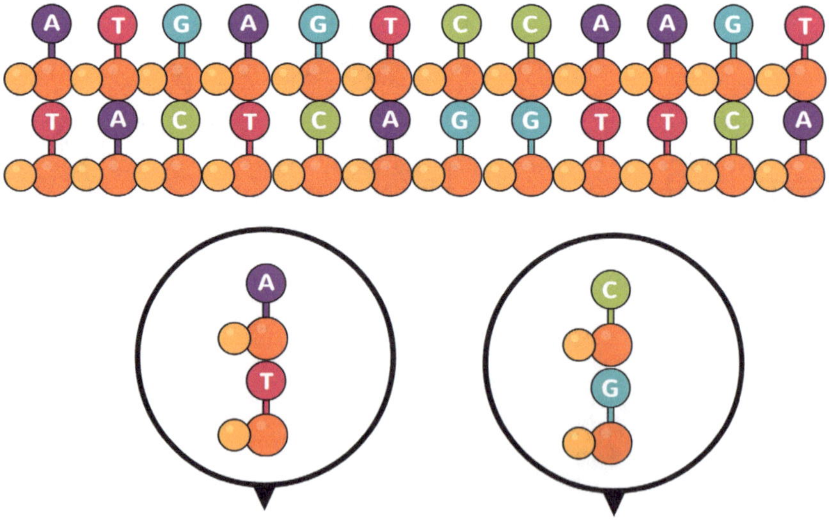

Fig. 12. Doble hebra de ADN y las 4 bases complementarias que lo componen: A, T, C y G.

El orden en el que se enlazan estas 4 bases determina las características físicas y funcionales de todos los seres humanos, ya que su secuencia establece el mensaje oculto en los genes. Cada una de estas bases tiene una base complementaria, es decir, la base **A** siempre se complementa con la base **T** y viceversa, mientras que la base **C** siempre se complementa con la base **G** y viceversa. De esta manera, para formar la doble hebra de ADN primero se genera una hebra sencilla que contiene una secuencia de bases determinada y a cada una de estas bases de la cadena sencilla se le adiciona una a una sus bases complementarias, uniendo siempre **A** con **T** y **C** con **G** (Fig. 12).

2.2. La replicación del ADN

Debemos tener presente que el ambiente celular es sumamente hostil ya que sufre de invasiones constantes de microorganismos, agresiones físicas y químicas, radiaciones, suicidios celulares e incluso asesinato entre células hermanas. En un ambiente tan caótico, la lucha por la supervivencia es una batalla que se libra segundo a segundo. Para mantener sus funciones activas y evitar la muerte del individuo, la célula debe dividirse constantemente a fin de asegurar un linaje que sea capaz de sustituir en funciones a sus hermanas caídas.

En cada división la célula progenitora da origen a dos células hijas genéticamente idénticas a ella. Para conseguirlo, la célula progenitora debe crear una copia de su genoma a una velocidad extraordinaria de 1000 bases por segundo. Además, debe hacerlo con extraordinaria precisión, ya que un error en la secuencia de las bases puede resultar en la muerte prematura de sus hijas o, peor aún, la transformación de su descendencia en células cancerígenas.

Para que una célula progenitora se divida en dos células hijas es necesario que genere dos copias de su genoma, y para ello debe replicarlo. Este es un proceso que puede resumirse en cuatro etapas:

1. Un conjunto de 6 proteínas llamado CRO (por sus siglas Complejo de Reconocimiento de Origen) se ensambla para crear un "escáner" que lee la secuencia de bases de ADN en busca de una secuencia específica conocida como origen de replicación, es decir, las zonas "marcadas" en el ADN que indican los diferentes puntos en los que está permitido iniciar el proceso de replicación (Fig. 13).

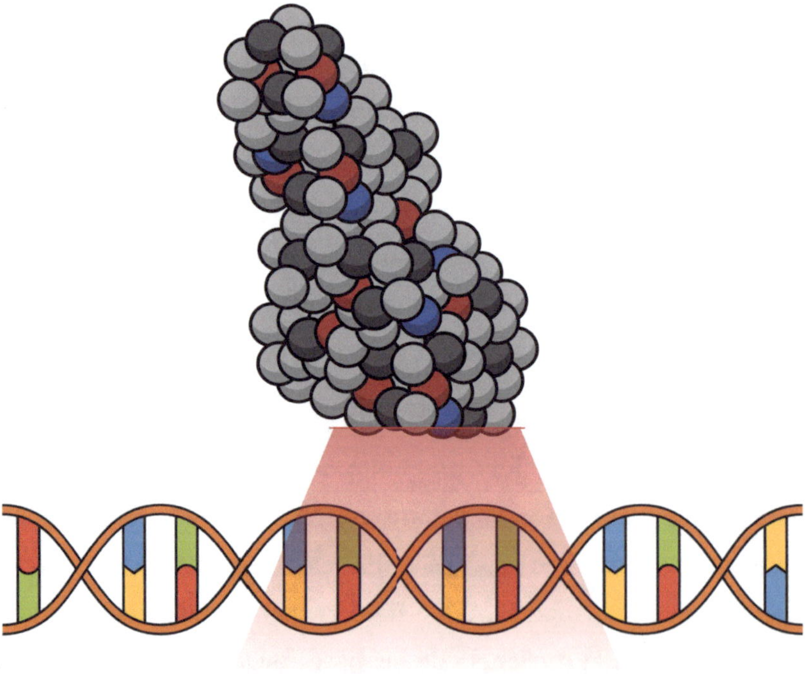

Fig. 13. CRO "escaneando" el ADN en busca del origen de replicación.

2. Cuando el origen de replicación es encontrado se activa la proteína helicasa que se sitúa en el origen y comienza a desenredar la doble hebra creando una horquilla o surco entre ambas hebras (Fig. 14).

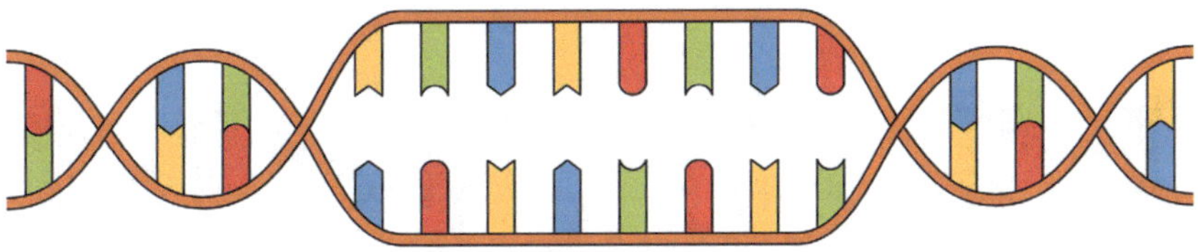

Fig. 14. Doble hebra de ADN desenrollada para crear una horquilla que deja expuestas las dos hebras sencillas.

3. Unas proteínas conocidas como ADN polimerasas se colocan en el surco y comienzan a unir las bases complementarias en ambas hebras (Fig. 15).

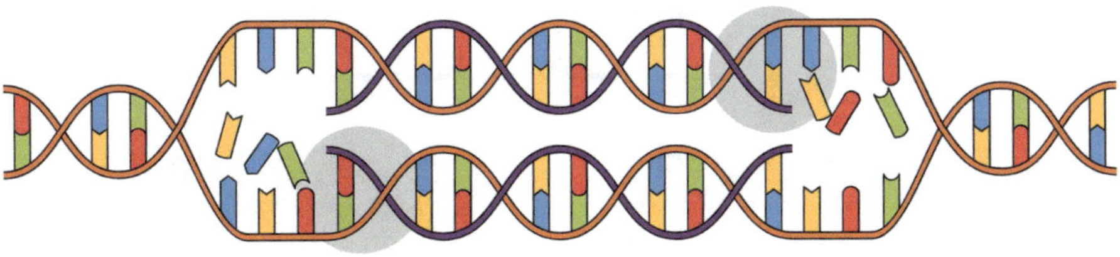

Fig. 15. ADN polimerasas uniendo bases complementarias a ambas hebras sencillas para forman dos nuevas hebras dobles.

4. Se han creado dos copias idénticas del genoma (Fig. 16).

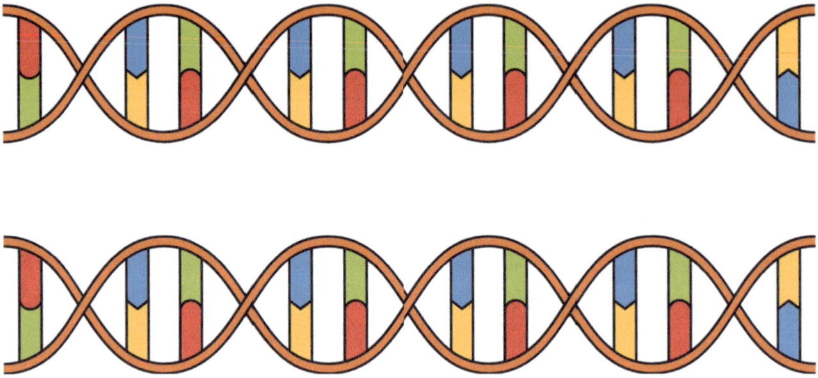

Fig. 16. Doble hebra de ADN replicada.

Se dice que el proceso es **semiconservativo** porque se emplean las dos hebras sencillas que componen la doble hélice como plantillas para generar dos nuevas hebras, ambas formadas por una hebra original y una de nueva creación (Fig. 17).

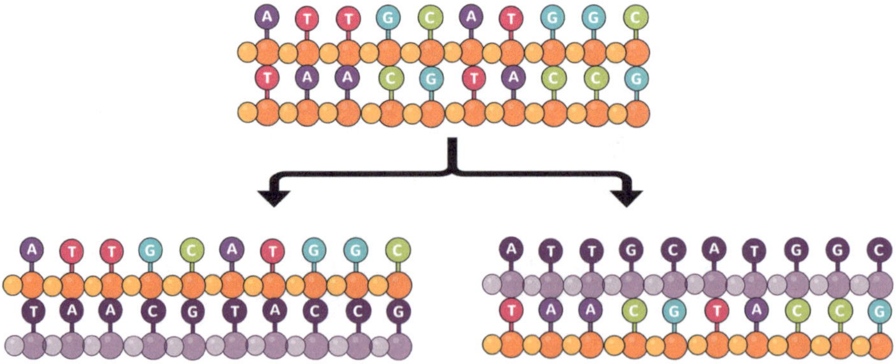

Fig. 17. Replicación semiconservativa del ADN. Las dos hebras del ADN original son empleadas como plantilla para crear dos copias nuevas formadas por una hebra original y una de nueva creación (morado).

2.3. La naturaleza del gen y el código que alberga

Un **gen** es una secuencia específica de bases de ADN que almacenan y transmiten información, o, dicho de otra manera, es un fragmento de ADN que contiene un código oculto. Podemos conceptualizar a los genes como trozos de ADN que contienen información codificada transmitida de generación en generación. Además de los rasgos visibles como el color de ojos, de piel o de cabello, los genes también contienen la información que la célula requiere para desempeñar la totalidad de sus funciones.

Al conjunto de todos los códigos contenidos en el ADN se le conoce como genoma. Por ejemplo, un fragmento de ADN con la secuencia de bases **ATCGAATTCGCGTTAT**… podría ser la secuencia de un gen que contiene un código con las instrucciones para la producción de alguna sustancia que la célula necesita para funcionar, por ejemplo, la insulina o la hormona de crecimiento. De esta manera, a lo largo de los 2 metros de ADN se encuentran más de 20,000 genes, de los cuales cada uno contiene un código con una instrucción que la célula está programada para seguir al pie de la letra.

Contrario a lo que se podría pensar, el ADN no es una tira de genes colocados uno tras otro, sino que hay espacios entre ellos que contienen **ADN no codificante**, los cuales, como su nombre lo indica, son secuencias que no contienen genes ni mensajes ocultos. La gran mayoría de las secuencias no codificantes no tiene una función conocida, algunas otras contienen instrucciones sobre el empaquetamiento del ADN o claves para la decodificación de los genes. Para los fines que nos interesan, únicamente nos enfocaremos en describir la parte del ADN que contiene genes, conocida como **ADN codificante.**

A esta altura ya deberíamos estarnos haciendo las siguientes preguntas: ¿Cómo puede un gen contener información oculta? ¿Cómo se expresa y transmite esa información?

La respuesta a estas preguntas se encuentra en el código genético.

En la vida cotidiana empleamos códigos constantemente. Los códigos postales, los códigos de barras y el código QR son algunos ejemplos. Pero, ¿qué tienen en común todos estos códigos? En términos generales, todo código alberga una gran cantidad de información en un formato breve que para ser interpretado es necesario poseer la clave que lo decodifique. Esto es justo lo que sucede con el código genético. Los genes, que son una sección de ADN que varía en secuencia y tamaño, contienen una gran cantidad de información codificada en su secuencia de bases. Posteriormente, esta información es decodificada por un actor esencial que se encarga de transcribir el mensaje oculto en los genes y al que llamamos ARN mensajero (ARNm). Se le llama mensajero porque es en sí mismo un mensaje escrito en código que deberá viajar desde el núcleo al citoplasma para entregar este mensaje al destinatario encargado de "traducirlo" (Fig. 18).

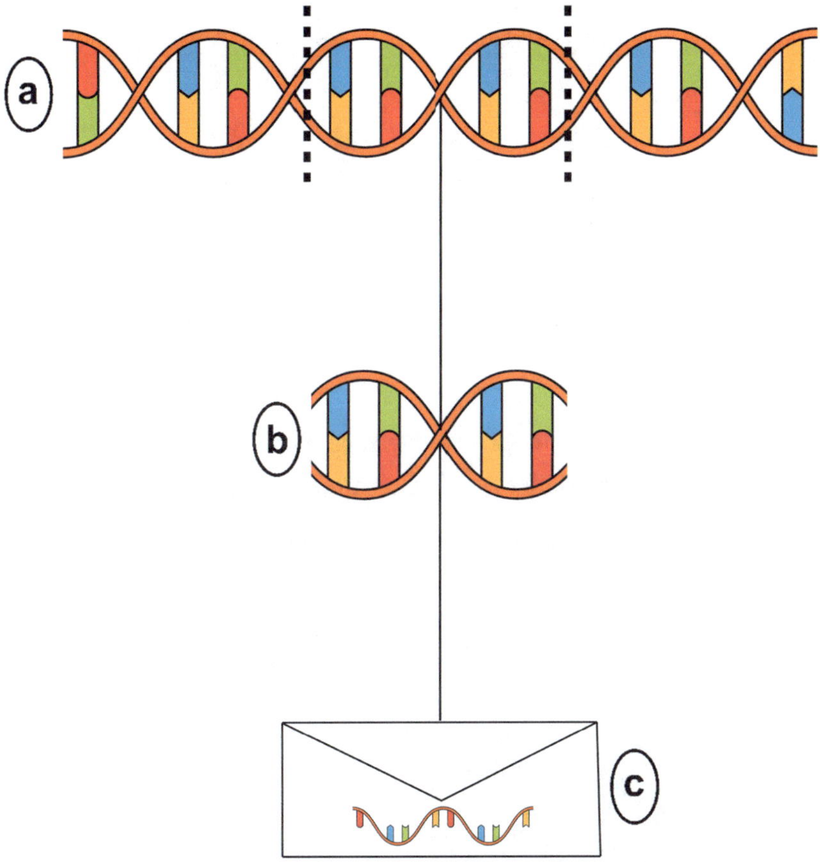

Fig. 18. Mensaje codificado enviado desde el núcleo hacia el citoplasma. a) ADN codificante, b) Gen y c) ARN mensajero.

El ARN mensajero pertenece a la familia de los ácidos nucleicos y es muy similar en estructura al ADN, la diferencia radica en que el ARN mensajero es una sola hebra formada por 4 bases de ARN: **A, C, U y G** (Fig. 19). Por otro lado, el ADN consta de una doble hebra formada por 4 bases de ADN: **A, C, T y G** (Fig. 12).

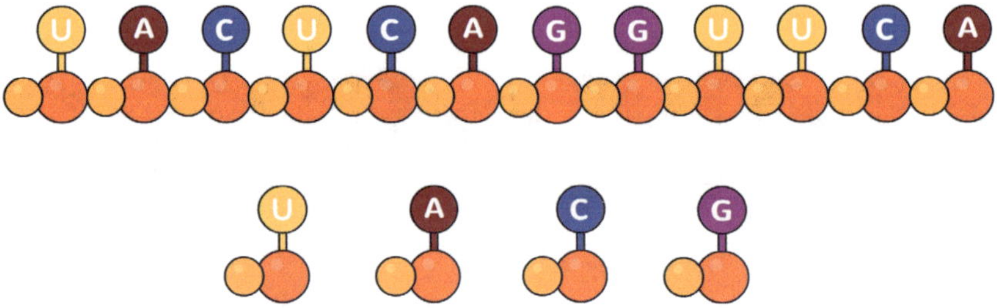

Fig. 19. Hebra sencilla de ARN mensajero y las 4 bases que lo componen: U, A, C y G.

Esta modificación en la naturaleza y secuencia de bases le confiere al ARN mensajero propiedades que le permiten salir del núcleo y llegar a su destino en el citoplasma (Fig. 20).

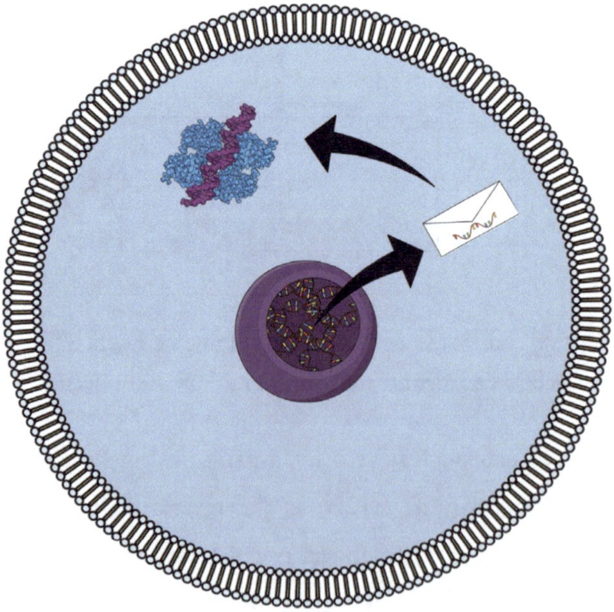

Fig. 20. Núcleo enviando al citoplasma un ARN mensajero con las instrucciones para crear una proteína.

Para que el núcleo pueda enviar mensajes hacia el citoplasma, el mensaje oculto en un gen que está escrito en idioma ADN debe reescribirse en idioma ARN a través de un proceso denominado transcripción. Esto significa que pasamos de un código escrito en el "alfabeto" del ADN **(A, C, T y G)** a un código escrito en el "alfabeto" del ARN **(A, C, U y G)**.

El proceso de transcripción se desarrolla en cuatro etapas sucesivas:

1. Un grupo de proteínas, conocido como factores de transcripción, "escanea" el ADN en busca de una secuencia de bases llamada región promotora que se encuentra adyacente al gen que se quiere transcribir. Se podría decir que los factores de transcripción "marcan" un sitio del ADN para señalar la posición en la que se encuentra el gen que va a transcribirse (Fig. 21).

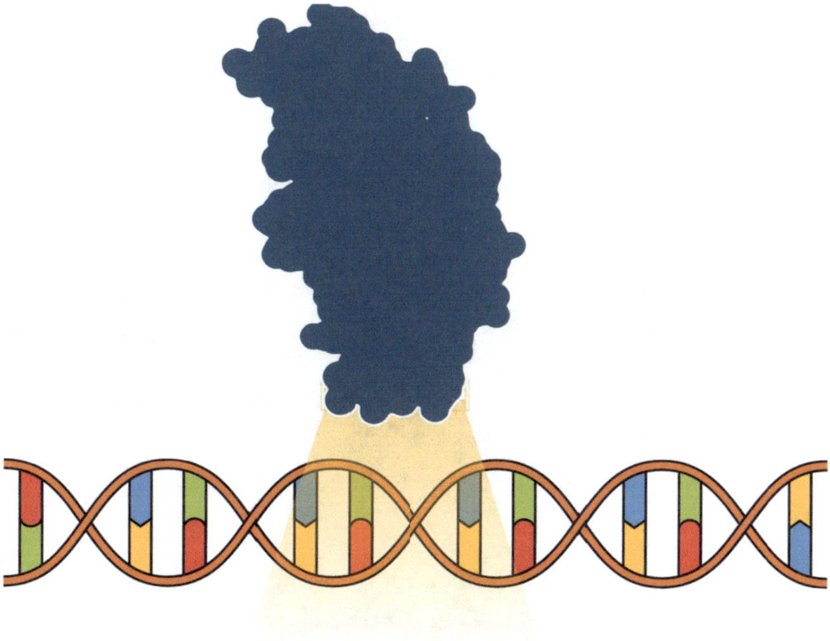

Fig. 21. Factor de transcripción "escaneando" el ADN en busca de la región promotora del gen que la célula necesita transcribir.

2. Cuando la región promotora es identificada, la proteína helicasa separa la doble hebra de ADN a fin de crear un surco que deje expuestas las hebras sencillas (Fig. 22).

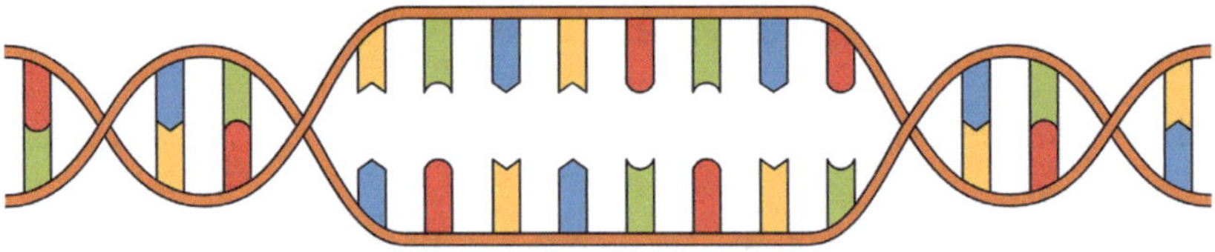

Fig. 22. Proteína helicasa desenrollando la doble hebra de ADN para exponer una hebra sencilla.

3. Una proteína llamada **ARN polimerasa** se posiciona junto al gen que va a transcribirse y usa a la hebra sencilla de ADN como molde para transcribir el mensaje del alfabeto ADN (A, C, T y G) a alfabeto ARN (A, C, U y G) (Fig. 23).

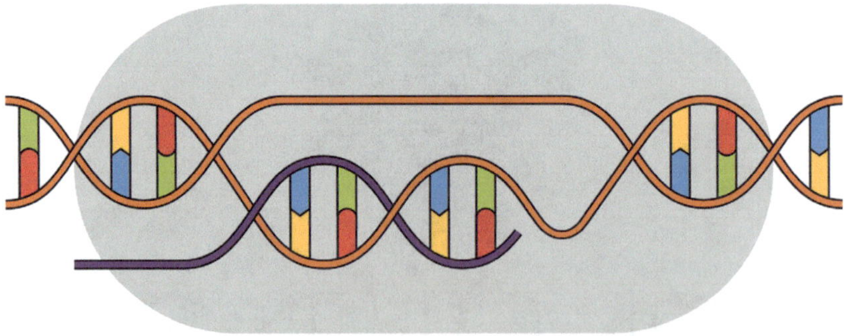

Fig. 23. Síntesis de la hebra de ARNm complementaria, a partir de una sección específica del ADN que contiene el gen de interés.

4. Una vez que todo el gen ha sido transcrito a idioma ARN, se obtiene como resultado una hebra sencilla de ARN mensajero (Fig. 24).

Fig. 24. ARN mensajero recién sintetizado.

¿Recuerdas que durante la replicación del ADN se sigue una regla de complementariedad de bases?

La regla consistía en que la base **A** siempre se une a la base **T** y la base C siempre se une a la base **G**. Durante la transcripción la ARN polimerasa sigue una regla similar, pero como su alfabeto carece de la letra **T**, la base **A** del ADN es apareada con la base **U** de ARN, la base **T** del ADN se aparea con la base A de ARN y las bases **C** y **G** se aparean juntas.

Imagina que la ARN polimerasa es como un espejo que refleja la secuencia de bases del gen pero sustituyendo en el reflejo a la letra **A** por una **U**, a la letra **T** por una **A**, a la letra **C** por una **G** y a la letra **G** por una **C**. Por ejemplo, un código en idioma ADN con la secuencia **ATTGCATGGC** tendría como "reflejo" la siguiente secuencia de ARN: **UAACGUACCG** (Fig. 25).

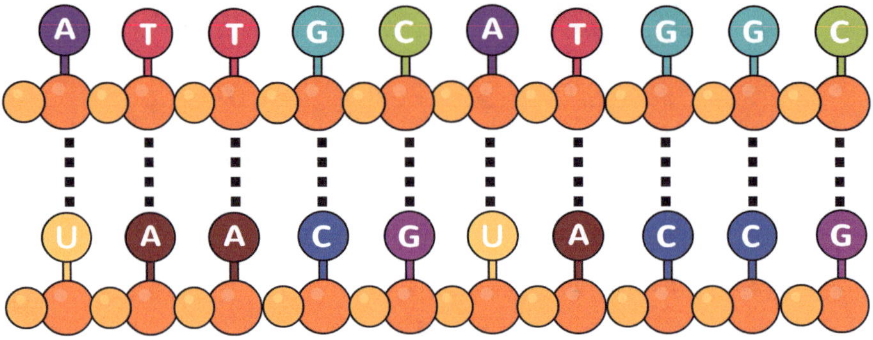

Fig. 25. Secuencia de bases complementarias de ADN – ARN.

Ahora que ya se aclaró cómo es que el código escrito en los genes es decodificado y transcrito en un ARN mensajero, nos queda preguntarnos quién es el destinatario de este mensaje y qué hace con él.

Las estructuras celulares encargadas de recibir el mensaje son los ribosomas. Usan una clave para "traducir" el mensaje escrito en el ARN mensajero y así utilizarlo para crear una proteína. El proceso mediante el cual los ribosomas traducen el mensaje cifrado en el ARN mensajero se conoce como traducción y se lleva a cabo de la siguiente manera:

1. Los ribosomas reciben al ARN mensajero y comienzan a leerlo en secuencias de tres bases que se conocen como tripletes o codones. Ejemplos de codones podrían ser las siguientes secuencias de bases: **AAG, UAG, AUG, CAU, CGA** o **UUU** (Fig. 26).

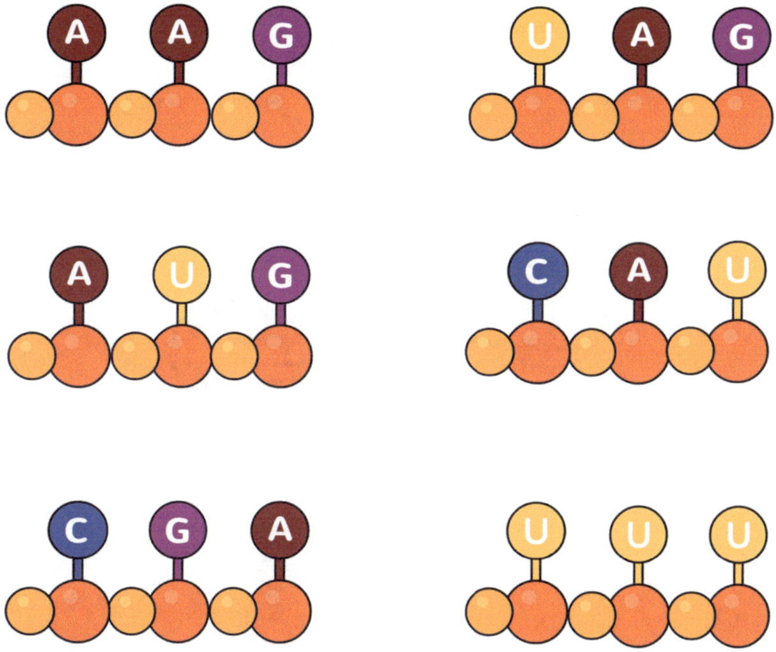

Fig. 26. Ejemplos de codones usados por los ribosomas para leer el mensaje escrito en el ARN mensajero.

2. Para leer los codones el ribosoma emplea una estructura llamada ARN de transferencia, es decir, un ácido nucleico "primo hermano" del ARN mensajero y que es capaz de leerlo porque posee el mismo alfabeto. Cada uno de los ARN de transferencia está formado por 3 bases de ARN llamados anticodones, los cuales poseen la secuencia complementaria de los codones (Fig. 27).

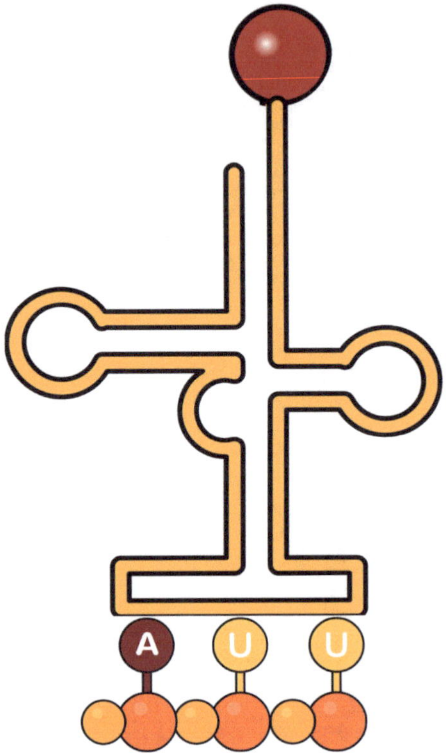

Fig. 27. ARN de transferencia con su secuencia complementaria de 3 bases (anticodón) y un aminoácido unido a su punta (rojo).

La unión del codón del ARN mensajero y el anticodón del ARN de transferencia sigue una regla de complementariedad muy simple: la base **A** es complementaria a la base U y viceversa; la base **C** es complementaria a la base **G** y viceversa. Por lo tanto, si tengo un codón con la secuencia **UAA** mi anticodón tendrá una secuencia complementaria **AUU** (Fig. 28).

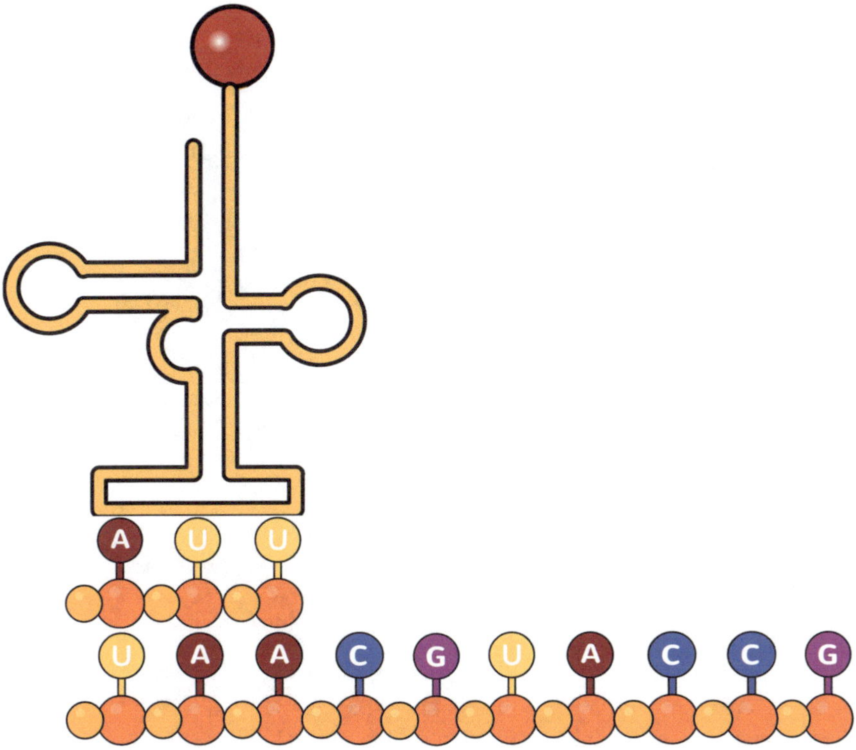

Fig. 28. ARN de transferencia con su anticodón unido al codón complementario.

3. Los ARN de transferencia están unidos a un aminoácido. A medida que se lee el código escrito en el ARN mensajero, los aminoácidos se van uniendo y transfiriendo al siguiente ARN de transferencia formando una cadena cada vez más larga cuyo tamaño depende del número de codones que tenga el ARN mensajero. Una vez que se ha terminado de leer el ARN mensajero, habremos obtenido como producto final una proteína formada por la unión sucesiva de aminoácidos (Fig. 29).

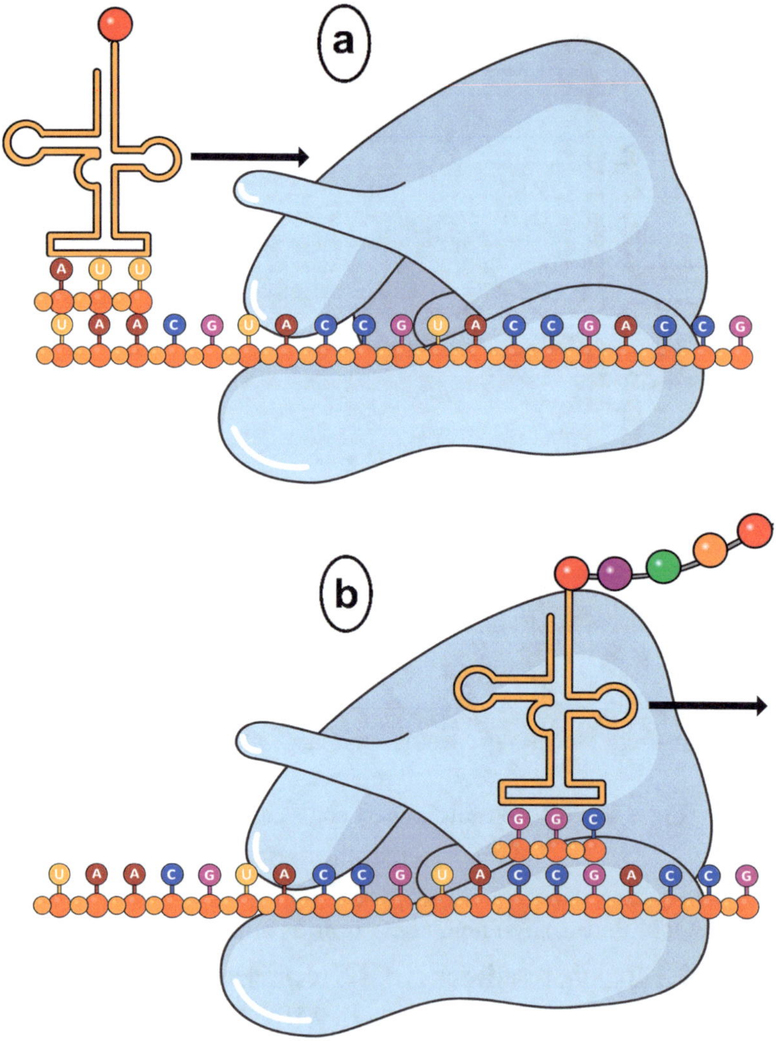

Fig. 29. Ribosoma usando ARN de transferencia para leer el código escrito en el ARN mensajero. a) Primer ARN de transferencia leyendo el primer codón y añadiendo el primer aminoácido a la cadena. b) Quinto ARN de transferencia leyendo el quinto codón y añadiendo el quinto aminoácido a la cadena que seguirá alargándose mientras queden codones por leer.

Considerando todo lo aprendido hasta el momento, podemos formular la siguiente deducción: s**i un gen es un fragmento de ADN que se transcribe a un ARN mensajero formado por una secuencia específica de bases que son leídas de tres en tres, que cada tres bases codifican un aminoácido y que un conjunto de aminoácidos origina una proteína, entonces podemos asumir que cada uno de los genes que constituyen el genoma humano contiene la información necesaria para crear una proteína.**

Al conjunto de reglas que establecen el mecanismo empleado por la célula para crear una secuencia de aminoácidos a partir de una secuencia de bases de ARN mensajero se le denomina código genético (Fig. 30).

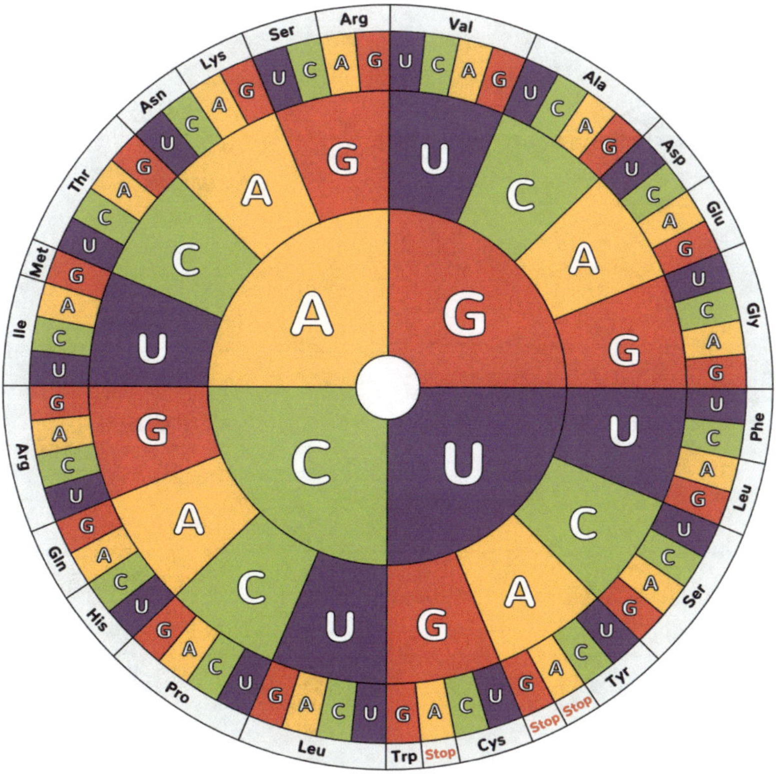

Fig. 30. Código genético universal que codifica toda la vida en la tierra.

El código genético presentado en la Fig. 30 contiene los codones que codifican para distintos aminoácidos. En el círculo más externo de la figura se encuentra la abreviatura de los aminoácidos codificados por los codones y cuyo significado es el siguiente:

Abreviatura	Aminoácido
Val	Valina
Ala	Alanina
Asp	Ácido aspártico
Glu	Ácido glutámico
Gly	Glicina
Phe	Fenilalanina
Leu	Leucina
Ser	Serina
Tyr	Tirosina
Cys	Cisteína
Trp	Triptófano
Pro	Prolina
His	Histidina
Gln	Glutamina
Arg	Arginina
Ile	Isoleucina
Met	Metionina
Thr	Treonina
Asn	Asparagina
Lys	Lisina

Con las 4 letras de las bases del ARN es posible crear 64 codones diferentes, de los cuales 61 codifican para aminoácidos. Como solo hay 20 aminoácidos, en algunos casos codones distintos pueden dar origen al mismo aminoácido. Por ejemplo, el aminoácido histidina es codificado por dos codones diferentes: **CAC y CAU.**

Para leer el código representado en la Fig. 30 primero hay que ubicar el aminoácido que nos interesa traducir y que se encuentra en el círculo externo, después hay que situarse en el centro del círculo interno y leer las letras de adentro hacia afuera para formar un codón de tres bases. Las líneas divisorias entre aminoácidos nos indican cuántos codones distintos codifican al mismo aminoácido. Por ejemplo, la valina y la alanina son codificadas por cuatro codones diferentes, mientras que la lisina, serina y arginina pueden ser codificadas por dos codones distintos.

El codón **AUG,** llamado codón de inicio y que codifica para la metionina, es el que indica a los ribosomas que deben iniciar la traducción del código escrito en el ARN mensajero, por lo tanto, todas y cada una de las proteínas comienzan su síntesis con el aminoácido metionina. Por otro lado, los codones **UAA, UAG** y **UGA**, llamados codones de paro y que no codifican ningún aminoácido, indican a los ribosomas que deben detener la traducción del mensaje porque el código se completó y la proteína ha sido creada en su totalidad. Al proceso mediante el cual el código de un gen es usado para crear una proteína se le denomina expresión génica. El mecanismo completo por el cual el código de un gen de ADN es transcrito en una plantilla de ARN mensajero que viajará a los ribosomas del citoplasma para producir una proteína funcional es conocido como el dogma central de biología molecular (Fig. 31).

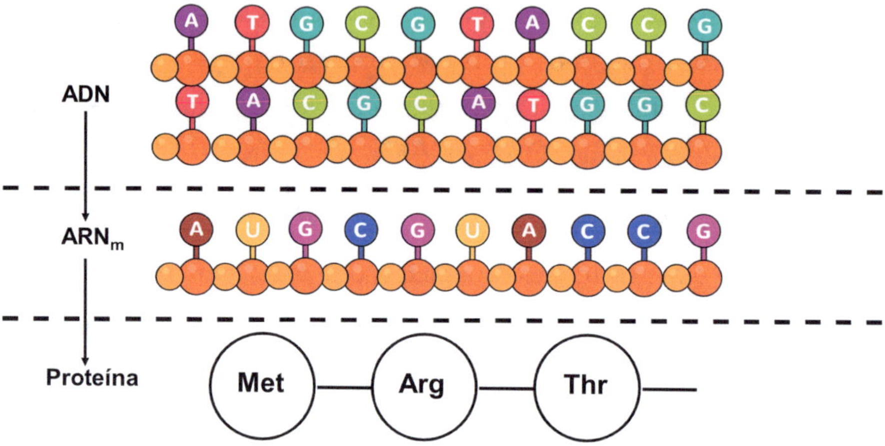

Fig. 31. Dogma central de la biología molecular.

CAPÍTULO 3

Proteínas y su exorbitante importancia

Hasta el momento hemos aprendido que los genes tienen un código oculto escrito en idioma ADN que es transcrito a idioma ARN para generar un mensajero que se encargará de llevar el código escrito en sí mismo a los ribosomas, lugar donde será traducido en una proteína que cumplirá un propósito vital dentro o fuera de la célula. Tomando en cuenta que la información necesaria para crear un ser humano se encuentra escrita en los genes y que la expresión última de todo gen es una proteína, podemos darnos una idea del rol crucial que juegan las proteínas en el mantenimiento de las funciones de nuestro organismo.

Las proteínas son las operadoras de las células y se encargan de desarrollar el programa de actividades que dicta el núcleo. Si nuestro cuerpo fuera una sociedad, las proteínas serían los obreros, los mensajeros, los policías, los espías, los constructores y verdugos encargados de construir y deconstruir, de activar y desactivar, de crear y destruir. En todas las funciones vitales de nuestro organismo las proteínas están involucradas de una u otra manera.

Estructuralmente, las proteínas son polímeros lineales de 20 aminoácidos distintos unidos entre sí en una infinidad de combinaciones. Dependiendo del nivel de plegamiento y de las asociaciones entre ellas se pueden distinguir cuatro niveles de organización en una proteína: primaria, secundaria, terciaria y cuaternaria.

Estructura primaria. Se refiere a la combinación lineal de estos 20 aminoácidos formando una estructura muy similar a una pulsera de cuentas (Fig. 32).

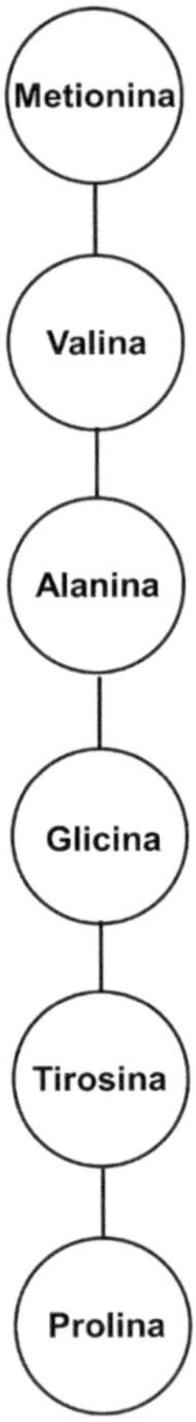

Fig. 32. Estructura primaria de una proteína.

Estructura secundaria. Se refiere al primer nivel de plegamiento de los aminoácidos de forma que la "pulsera de cuentas" se enrolla sobre sí misma dando como resultado dos tipos de plegamiento: alfa hélice, en donde la cadena se enrolla en espiral, y beta plegada, con la cadena plegada en forma de zigzag (Fig. 33).

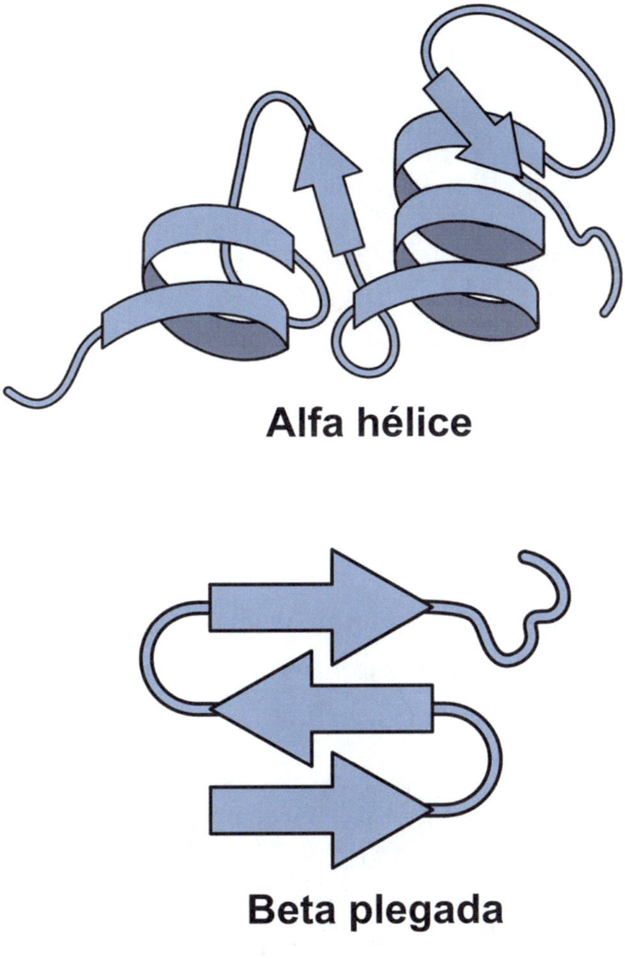

Fig. 33. Estructura secundaria de una proteína.

Estructura terciaria. Está conformada por los subsecuentes plegamientos de la estructura secundaria. Podría decirse que se trata del plegamiento de los plegamientos de la cadena de aminoácidos y constituye la estructura tridimensional final de una proteína. Existen dos tipos: proteína globular, con plegamientos en forma esférica, y proteínas fibrosas, plegadas en forma de largos filamentos (Fig. 34).

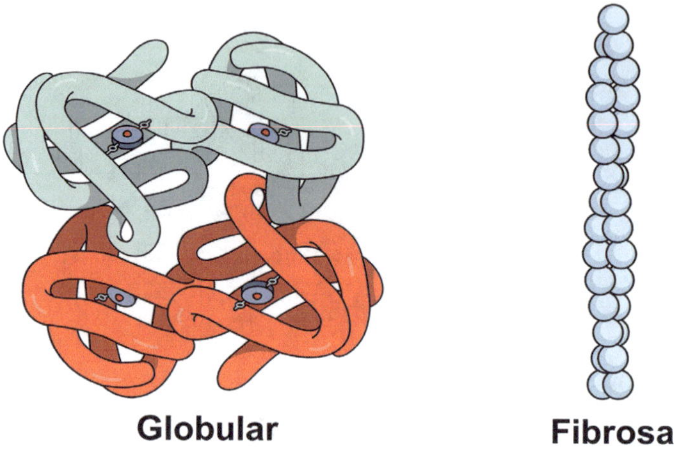

Fig. 34. Estructura terciaria de las proteínas globulares y fibrosas.

Estructura cuaternaria. Se forma mediante la asociación de varias proteínas de estructura terciaria formando un complejo de proteínas que cumple una función concreta (Fig. 35).

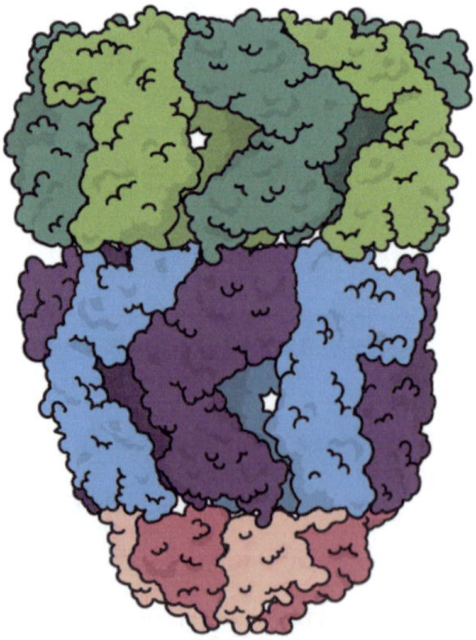

Fig. 35. Estructura cuaternaria de un grupo de proteínas agrupadas en un complejo proteico.

Por lo general las proteínas se encuentran inactivas, como "en un sueño profundo". Para activarlas es necesario que se una a ellas una sustancia conocida como ligando. El sitio al cual se unen los ligandos se le denomina sitio de unión y es complementario a él en todo sentido: tamaño, forma y carga eléctrica. Es un mecanismo muy similar al de una llave y una cerradura, siendo la cerradura el sitio de unión y la llave el ligando (Fig. 36). Cuando el ligando se une a su sitio de unión, su llave hace girar la cerradura y en consecuencia la proteína "se despierta".

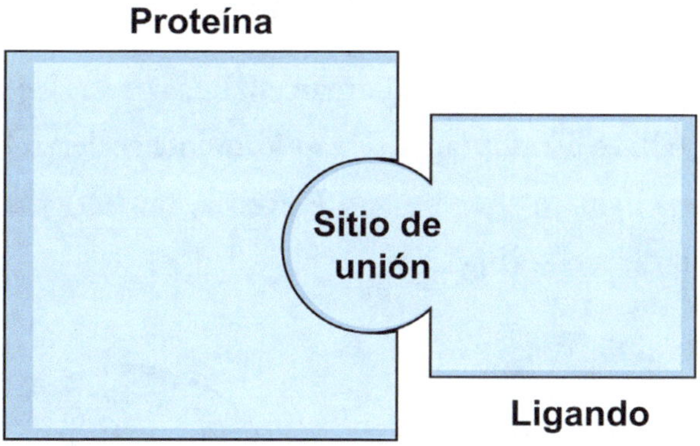

Fig. 36. Representación gráfica de una proteína "despierta" a causa de la unión del ligando a su sitio de unión.

Las proteínas se clasifican, según su función biológica, en siete grupos: catalíticas, transportadoras, señalizadoras, receptoras, defensa, estructurales y motoras.

Catalíticas. Son proteínas encargadas de acelerar la velocidad a la que se llevan a cabo las reacciones bioquímicas, considerando a una reacción bioquímica como toda transformación que puede sufrir una partícula dentro de nuestro organismo y que modifica su estructura original. A través de este proceso, una partícula A es transformada en una partícula B (Fig. 37).

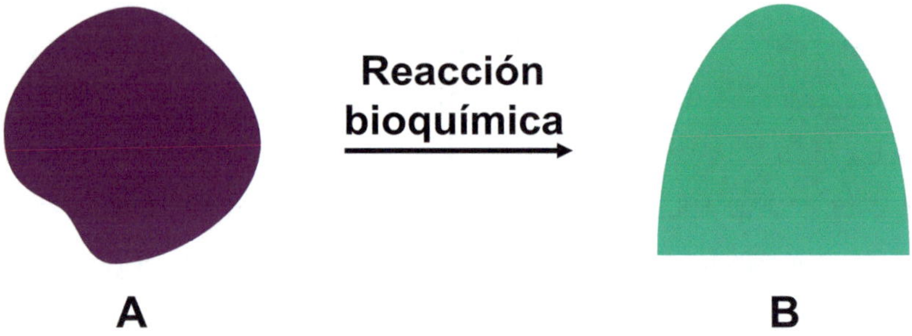

Fig. 37. Transformación de una partícula A en una partícula B por efecto de una reacción bioquímica.

Las proteínas de este grupo se llaman enzimas y son el ejemplo perfecto de mecanismo llave cerradura, ya que únicamente aceleran la velocidad de reacción de los ligandos que tengan la forma, tamaño y carga correctos para poder unirse a ella (Fig. 38).

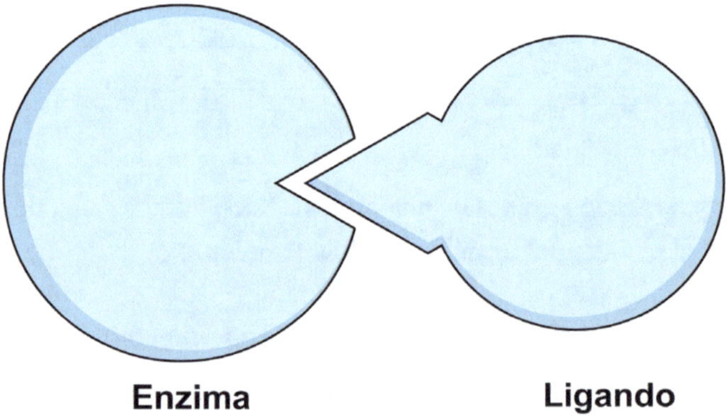

Fig. 38. Mecanismo básico de unión tipo "llave – cerradura" de una enzima y su ligando.

La función catalítica de estas proteínas fue clave para el desarrollo de la vida, ya que sin su "empujón" lo que hubiera tardado miles de años en realizarse de forma espontánea, gracias a ellas, se consiguió en segundos. Por ejemplo, para desempeñar cualquier función celular es necesario obtener energía de fuentes orgánicas como la glucosa, pero la transformación espontánea de la glucosa en agua, dióxido de carbono y energía es un proceso que tarda años. Si dejamos un kilo de azúcar bien sellado en la repisa pasarán años antes de verla transformarse naturalmente en agua y dióxido de carbono, en cambio, las enzimas de nuestro cuerpo reducen el tiempo de esta transformación a unos cuantos segundos. Es gracias a este "empujón" que tenemos a nuestra disposición energía suficiente para pensar, movernos, respirar, etc. Sin enzimas, la vida como la conocemos no existiría.

Transportadoras. Se encargan del transporte de sustancias en el organismo y se pueden subclasificar en móviles y fijas. Las móviles son proteínas que se unen reversiblemente a partículas como el oxígeno y el dióxido de carbono para transportarlas a través de los tejidos. La hemoglobina es el miembro más representativo de este grupo (Fig. 39).

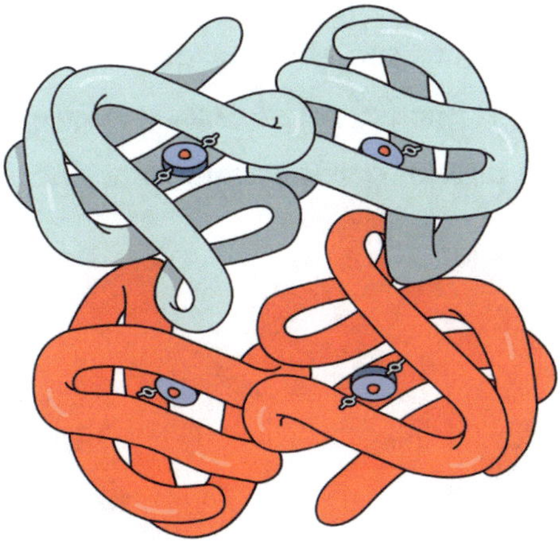

Fig. 39. Estructura de tridimensional de la hemoglobina.

Las proteínas fijas se encuentran ancladas a la membrana de las células y funcionan como un canal que, a modo de "puerta", permite la entrada y salida de sustancias. Los canales iónicos son los representantes por excelencia de este grupo de proteínas (Fig. 40).

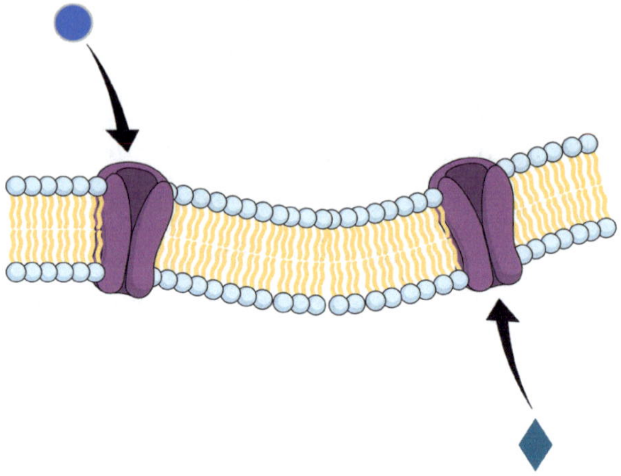

Fig. 40. Canal iónico, la proteína transportadora fija por excelencia.

Señalizadoras. Son proteínas que indican a la célula las acciones que deben ser ejecutadas. Para que la célula obedezca, primero deben unirse a un receptor que, por lo general, se ubica en la membrana de las células. Ejemplos de estas proteínas son el factor de crecimiento que indica a la célula el momento en el que debe dividirse, o la insulina que, al unirse a su receptor, "abre una puerta" que le permite a la glucosa entrar a la célula (Fig. 41).

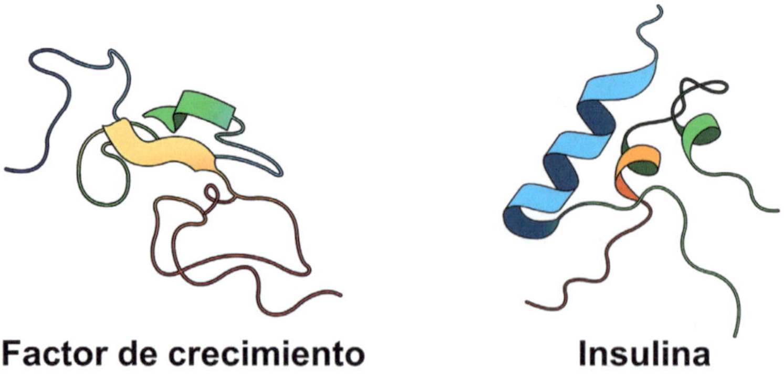

Fig. 41. Proteínas señalizadoras.

Receptoras. La mayoría de los receptores que se encuentran en la superficie de la membrana celular son proteínas y su función es unirse a su ligando y desencadenar una respuesta acorde a la señal recibida. Estos receptores son los que permiten a la célula interpretar la señal enviada por los señalizadores. Por ejemplo, el receptor del factor de crecimiento, al unirse a su ligando (el factor de crecimiento), inicia una cascada de señales que indican a la célula que debe iniciar un ciclo de división celular (Fig. 42). Estos receptores funcionan como una antena que está permanentemente alerta, esperando el momento en que su señal llegue y los active.

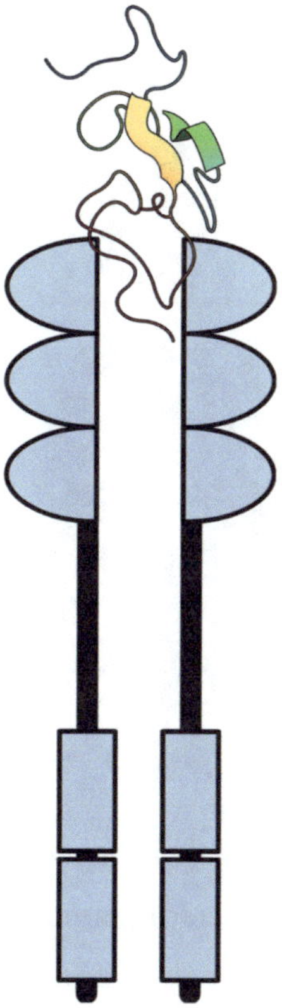

Fig. 42. Receptor del factor de crecimiento siendo activado por su ligando.

Defensa. Todos los vertebrados poseemos un sistema capaz de discriminar lo propio de lo extraño, siendo capaces de identificar y destruir a los invasores. Este mecanismo es conocido como respuesta inmune e involucra a una gran cantidad de proteínas, señalizadores y células. Las proteínas clave en la respuesta inmune son las inmunoglobulinas o, como se conocen coloquialmente, "anticuerpos" (Fig. 43).

Fig. 43. Estructura genérica de una inmunoglobulina (anticuerpo).

Estas proteínas son diseñadas específicamente para identificar partículas extrañas y ajenas al organismo conocidas como antígenos. Los anticuerpos reconocen a los antígenos y se unen a ellos de forma irreversible neutralizándolos y marcándolos para ser eliminados en etapas posteriores.

Estructurales. Las proteínas también confieren elasticidad y resistencia a los tejidos, incluso permiten a la propia célula mantener su forma dándole soporte y estructura a todo el organismo. La queratina y el colágeno son las proteínas estructurales más conocidas y forman parte de la piel, uñas y cabello. Su estructura tridimensional es fibrosa y su extraordinaria resistencia se debe a su capacidad para superenrollarse unas con otras formando cadenas helicoidales que se siguen enrollando hasta formar cables ultra resistentes (Fig. 44).

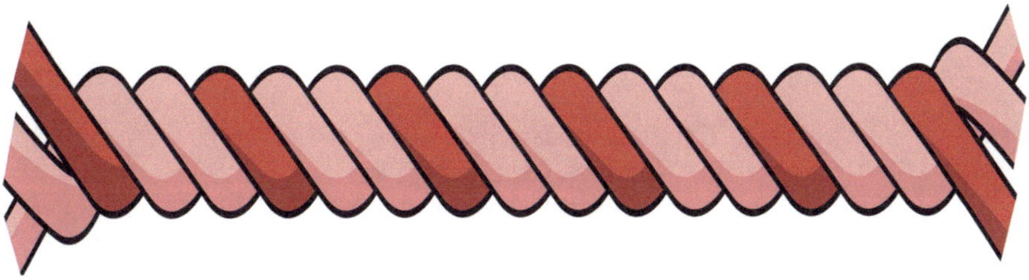

Fig. 44. Cables formados por el superenrollamiento de proteínas estructurales como el colágeno.

Motoras. Los organismos, las células y sus componentes estamos dotados de movimiento y, por sorprendente que parezca, también se lo debemos a las proteínas. Esta maquinaria proteica actúa como un micromotor movido por energía química que, al encender millones de ellos al mismo tiempo, permite ejecutar la extraordinaria diversidad de movimientos que los seres vivos somos capaces hacer. Las proteínas más representativas de este grupo son los filamentos de actina y miosina que le dan al músculo su capacidad contráctil (Fig. 45). Estas proteínas forman filamentos que interaccionan transitoriamente y se deslizan entre sí para provocar la contracción. La actina y la miosina constituyen más del 80% de la masa proteica del músculo.

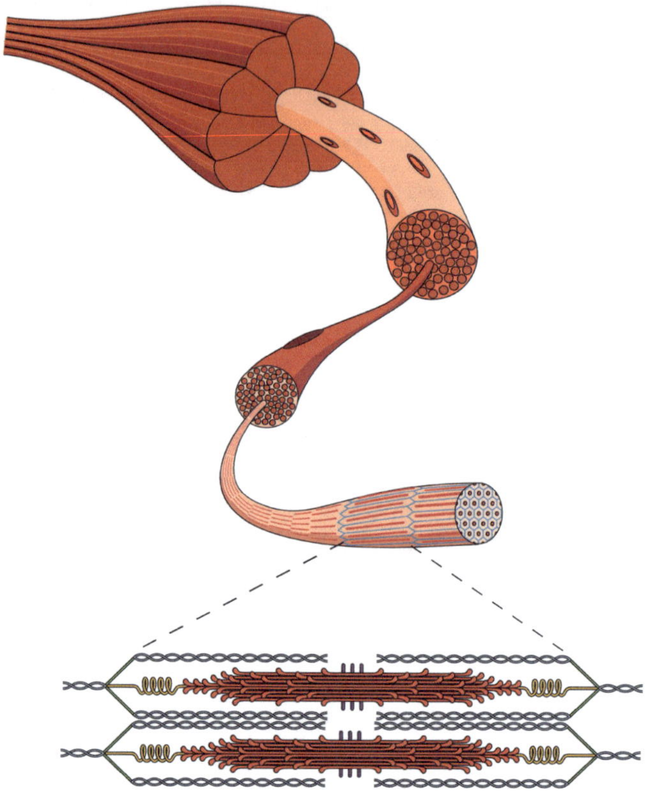

Fig. 45. Esquema de la formación del músculo a partir de filamentos de proteínas motoras.

En el capítulo siguiente veremos cómo la alteración en la forma, estructura y función de algunos grupos de proteínas está íntimamente relacionado con la aparición de trastornos celulares como el cáncer.

CAPÍTULO 4

La alteración del código: mutación

En capítulos anteriores vimos cómo la célula usa su ADN como plantilla para crear un ARN mensajero que es empleado por los ribosomas para sintetizar proteínas. Ahora veremos las diferentes formas en que puede alterarse el ARN mensajero y lo catastrófico que puede resultar una modificación en el mensaje encriptado.

4.1. Mutaciones

Una mutación es un cambio permanente en la secuencia de las bases que constituyen el ADN del genoma de un organismo. Las mutaciones no son necesariamente malas. Por un lado, son la fuente de toda la diversidad que conocemos, el mecanismo primigenio que dirige la evolución. Desde la aparición del primer organismo unicelular hasta la extensa diversidad de formas, tamaños y colores en que se presenta la vida actualmente se debe, en principio, a las mutaciones. Por otro lado, son el origen de muchas enfermedades y padecimientos. Esto sucede porque las mutaciones no se originan de forma consciente. La célula, bacteria o virus no decide modificar su genoma por necesidad o decisión propia, sino que es un fenómeno aleatorio y espontáneo.

A la secuencia de ADN original, la que existía con anterioridad a la alteración de la secuencia de bases, se le denomina gen tipo natural o gen tipo silvestre; a la variante se le denomina gen tipo mutante.

El cambio de una sola base del ADN por otra distinta es conocida como una mutación puntual porque cambia en un solo punto del ADN.

Por ejemplo, el cambio de una base **A** por una **C** o una **T** por una **A** son mutaciones puntuales que se acumulan a lo largo de la vida del individuo. De acuerdo con la alteración que sufre la proteína codificada por el ARN mensajero alterado, las mutaciones puntuales se pueden clasificar en tres tipos: mutación de sentido alterado, mutación silenciosa y mutación sin sentido.

Mutación de sentido alterado. Se genera cuando el cambio de una base en el ADN genera un ARN mensajero con un codón mutante que codifica un aminoácido distinto al que codificaba el gen tipo silvestre. Por ejemplo, si tenemos un gen tipo silvestre que genera un **ARN** mensajero con un codón que contiene la secuencia **AAG**, que codifica al aminoácido lisina (Lys), y una mutación ocasiona que la secuencia cambie a **AAC**, que codifica al aminoácido asparagina (Asn), estaremos frente a una mutación de sentido alterado (Fig. 46).

Mutación silenciosa. Sucede cuando la mutación puntual modifica una base de un gen generando un ARN mensajero con un codón alterado, pero que casualmente codifica para el mismo aminoácido que el codón original. Se llama mutación silenciosa porque su aparición no genera ninguna repercusión. Por ejemplo, si tengo un ARN mensajero sano con el codón **CCG**, que codifica el aminoácido prolina (Pro), y la secuencia mutada cambia a **CCC**, que también codifica el aminoácido prolina (Pro), entonces no hay alteración en el resultado final y, por lo tanto, la mutación es silenciosa (Fig. 47).

Mutación sin sentido. Un tercer resultado posible es que la mutación puntual genere alguno de los tres codones de paro (**UAA, UAG, UGA**), los cuales no codifican para ningún aminoácido, sino que les indican a los ribosomas que la proteína está completa y debe dejar de traducir el mensaje (Fig. 48).

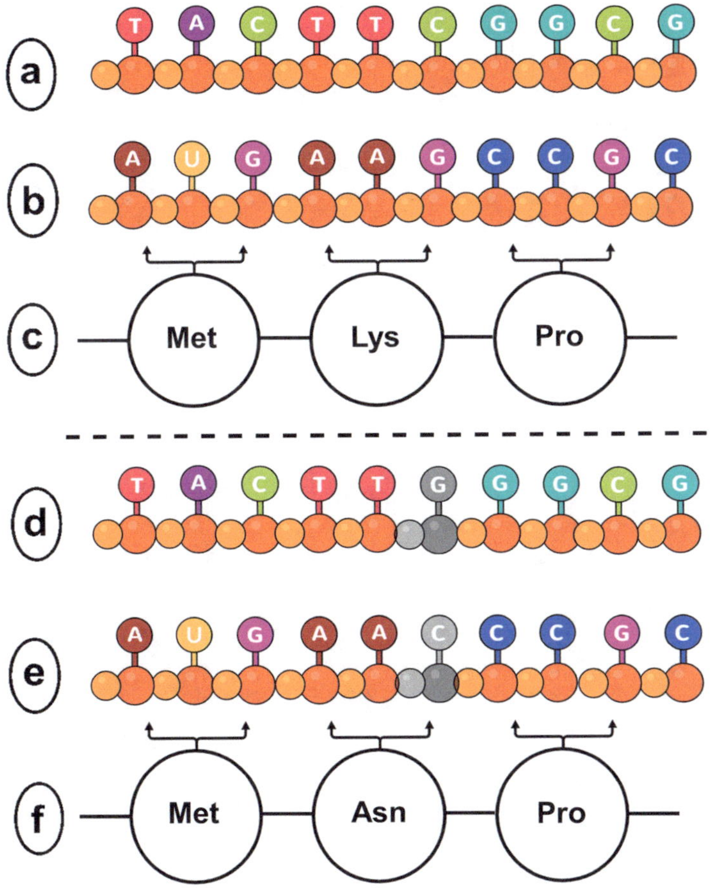

Fig. 46. Mutación puntual de sentido alterado. a) Fracción de un gen tipo silvestre, b) Codones de un ARN mensajero con el mensaje original, c) Aminoácidos sanos de la proteína traducida, d) Fracción del gen que sufrió una mutación de sentido alterado (base color gris), e) Codón alterado del ARN mensajero (base color gris) y f) Aminoácido alterado en la proteína mutante.

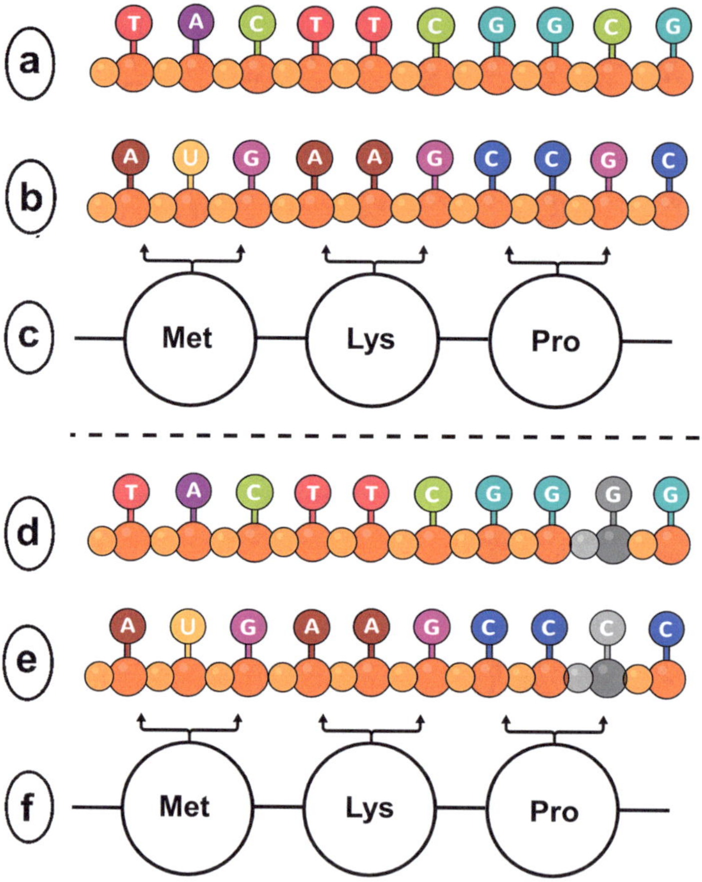

Fig. 47. Mutación puntual silenciosa. a) Fracción de un gen tipo silvestre, b) Codones del ARN mensajero con el mensaje original, c) Aminoácidos sanos de la proteína traducida, d) Fracción del gen que sufrió una mutación silenciosa (base color gris), e) Codón alterado del ARN mensajero (base color gris) y f) Aminoácido sano resultado de una mutación silenciosa.

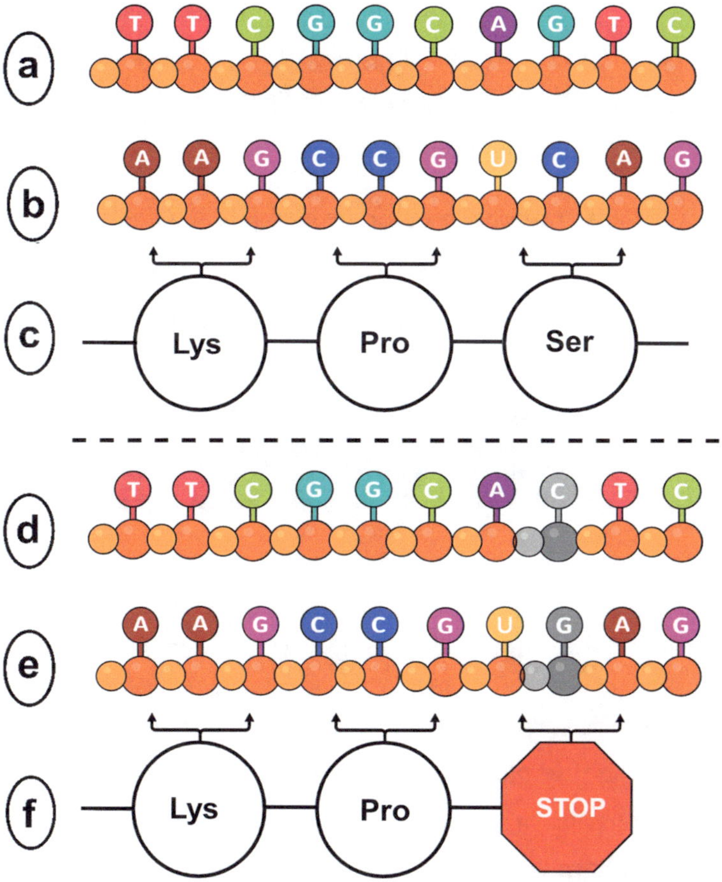

Fig. 48. Mutación puntual sin sentido. a) Fracción de un gen tipo silvestre, b) Codones del ARN mensajero con el mensaje original, c) Aminoácidos sanos de la proteína traducida, d) Fracción del gen que sufrió una mutación sin sentido (base color gris), e) Codón alterado del ARN mensajero (base color gris) y f) Sección final de la secuencia de aminoácidos de la proteína que no terminó de traducirse por efecto del codón de paro generado por el codón mutante.

La alteración de la secuencia de aminoácidos de una proteína tiende a tener efectos negativos sobre su funcionamiento, sin embargo, la mutación sin sentido es una de las más peligrosas, ya que, si el mensaje deja de leerse antes de que todos los codones hayan sido traducidos en aminoácidos, obtendremos como resultado una proteína incompleta que al faltarle una parte considerable de su "cuerpo", con certeza será incapaz de desarrollar las actividades para las que fue creada.

En la Fig. 49 se presenta a modo de ejemplo una analogía que muestra un mensaje de tipo silvestre y los tres escenarios posibles de modificaciones al mensaje original ocasionados por mutaciones puntuales.

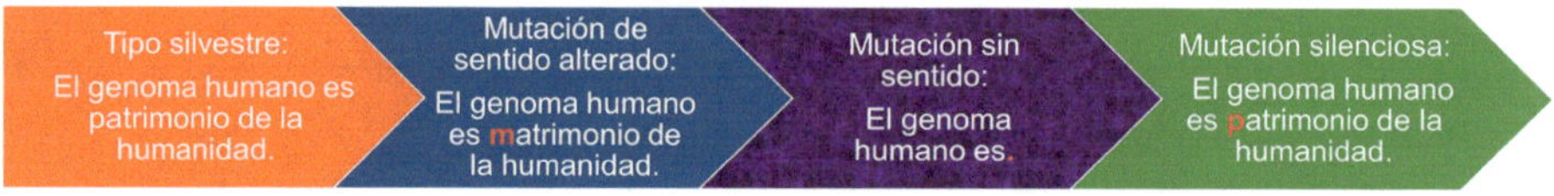

Fig. 49. Analogía que presenta las modificaciones al mensaje original ocasionadas por los distintos tipos de mutaciones puntuales.

Las mutaciones puntuales de sentido alterado son peligrosas porque se corre el riesgo de obtener un aminoácido modificado en la proteína sintetizada durante la traducción del ARN mensajero mutante. Sin embargo, su peligro es trivial si se le compara con la catástrofe ocasionada por la inserción o la deleción de bases, lo que se conoce como mutaciones de cambio del marco de lectura. Como su nombre lo indica, estas mutaciones ocasionan que la lectura de la secuencia de bases se recorra, alterando no solo un codón sino la totalidad de los codones que se encuentren después de la inserción o deleción de bases.

Dependiendo del mecanismo que ocasiona la modificación del marco de lectura se conocen dos clasificaciones: mutaciones por deleción de base y mutaciones por inserción de base.

Mutaciones por deleción de base. Son aquellas en las que se elimina una de las bases del ADN generando un ARN mensajero con una secuencia de codones recorrida alterando todo el marco de lectura. Por ejemplo, si tenemos una secuencia de codones de un ARN mensajero sano como esta: **GUG CAC AAU GAU CAU CGU...** y a causa de una mutación es eliminada la primera base G, como el código se lee de tres en tres, la secuencia nos quedará de la siguiente manera: **UGC ACA AUG AUC AUC GU...** porque al eliminar la letra **G** el codón quedó incompleto y la secuencia **UG** tuvo que "robar" una base del siguiente codón para completarse, luego el siguiente codón quedó incompleto y tuvo que robar una base del siguiente, y así sucesivamente, modificando todas las bases siguientes (Fig. 50).

Mutaciones por inserción de base. En este tipo de mutación se inserta una base adicional a la secuencia de bases del gen tipo silvestre modificando de igual forma todo el marco de lectura. Si tomamos como ejemplo la misma secuencia **GUG CAC AAU GAU CAU CGU…** e insertamos una base **G** al principio generaremos la secuencia **GGU GCA CAA UGA UCA UCG U…** y obtendremos un código totalmente distinto (Fig. 51).

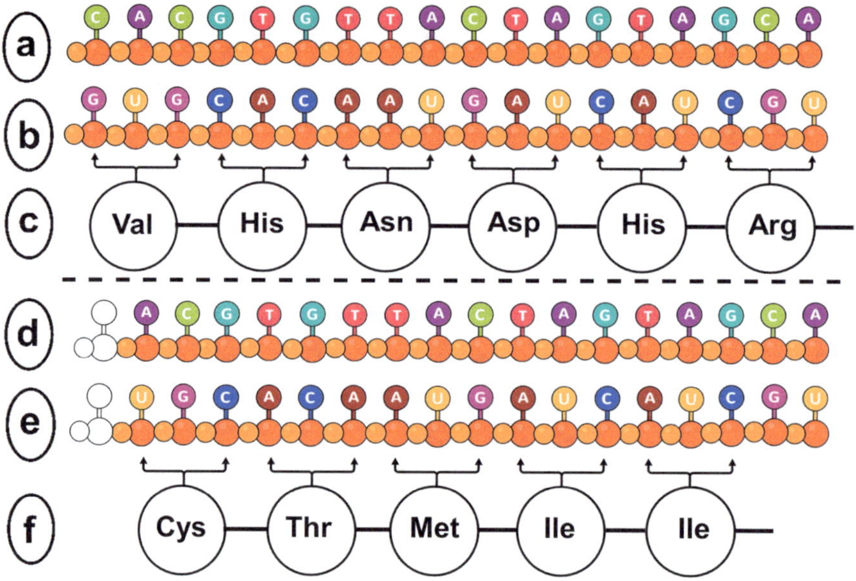

Fig. 50. Mutación por deleción de base. a) Fracción de un gen tipo silvestre, b) Codones de un ARN mensajero con el mensaje original, c) Aminoácidos sanos de la proteína traducida, d) Fracción del gen que sufrió la deleción de una de sus bases, e) Codones alterados en su totalidad a causa de la modificación del marco de lectura y f) Aminoácidos alterados en la proteína mutante.

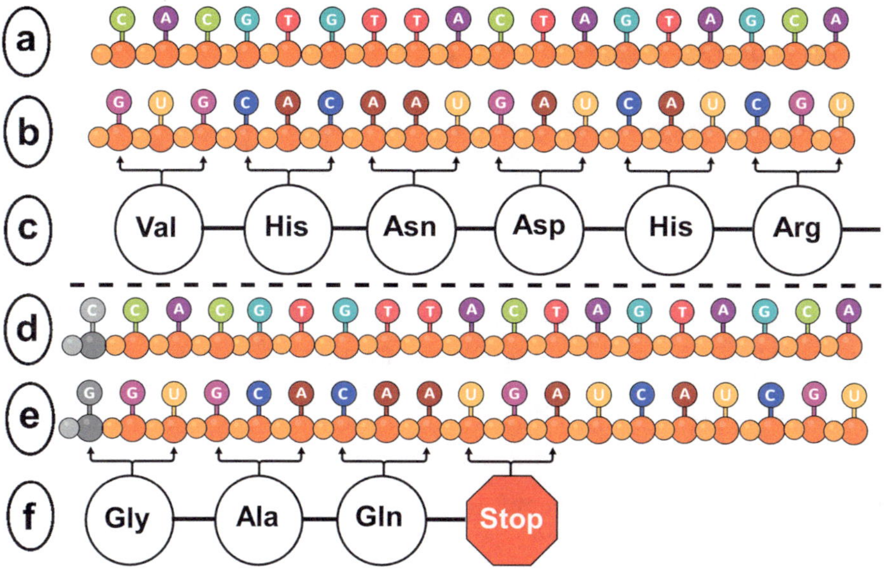

Fig. 51. Mutación por inserción de base. a) Fracción de un gen tipo silvestre, b) Codones de un ARN mensajero con el mensaje original, c) Aminoácidos sanos de la proteína traducida, d) Fracción del gen que sufrió la adición de una base, e) Codones alterados en su totalidad a causa de la modificación del marco de lectura y f) Sección final de la proteína mutante incompleta a causa de la creación de un codón de paro como consecuencia de la modificación del marco de lectura.

Las mutaciones de inserción y deleción de bases alteraran la secuencia de todos los codones ubicados después de la inserción o la deleción ocasionando la traducción de aminoácidos distintos a los codificados en el mensaje original y obteniendo una proteína defectuosa, incompleta e incluso peligrosa.

En la Fig. 50 podemos observar cómo la eliminación de una de las bases del gen original (tipo silvestre) modificó el marco de lectura del ARN mensajero y como resultado todos los aminoácidos traducidos del ARN mensajero mutante son diferentes a los traducidos desde el ARN mensajero con el mensaje original. En la Fig. 51 la inserción de una base en el gen tipo silvestre modificó todos los codones ubicados después de la inserción, generando un codón de paro que no estaba presente en el ARN mensajero original y que ocasionó la creación de una proteína que además de mutante, está incompleta.

Las consecuencias de estas alteraciones pueden ser devastadoras, no solo porque es muy probable que la proteína mutante sea incapaz de desempeñar sus funciones naturales, sino porque la alteración de su secuencia de aminoácidos puede generar una nueva proteína con funciones desconocidas y capaz de desencadenar toda clase de padecimientos.

Cuando sucede una mutación puede ocasionarse la pérdida de alguna de las funciones que poseía el organismo mutado o la adquisición de funciones que previamente no poseía. Esta es la razón por la que virus y bacterias se adaptan rápidamente a antivirales y antibióticos. No se debe a que conscientemente decidan modificar su genoma para adaptarse, sino que, al multiplicarse tan rápidamente, las mutaciones aleatorias y espontáneas que suceden a lo largo de millones de generaciones le otorgan a alguno de sus descendientes una función adicional que le permite sobrevivir a esos fármacos y, como esta nueva función le da una ventaja sobre sus hermanas que no poseen esta mutación, el organismo mutante comienza a multiplicarse y hereda esta función "extra" a sus descendientes.

Las mutaciones beneficiosas también surgen en organismos pluricelulares complejos como el ser humano. Sin embargo, como nuestro ciclo de vida es mucho más largo, la aparición y herencia de mutaciones beneficiosas es muy lenta, pero se trata de un proceso natural que está sucediendo ahora mismo. Por ejemplo, existen mutaciones que le proporcionan al individuo portador capacidades extraordinarias como resistencia a enfermedades cardiovasculares, resistencia a virus como el VIH o la capacidad para incrementar rápidamente su masa muscular, entre muchas otras. La diferencia entre los organismos unicelulares y nosotros es que ellos se reproducen en segundos y desde su nacimiento son autosuficientes y capaces de reproducirse, mientras que la gestación de un ser humano tarda de media nueve meses y pasarán décadas antes de que el nuevo individuo sea autosuficiente y capaz de reproducirse. Es por ello que el proceso de "mejora" a través de la mutación en especies complejas como nosotros es infinitamente más lento. Aunque existen algunas mutaciones beneficiosas, la gran mayoría resulta en la alteración o pérdida de la función celular, siendo el cáncer una de las consecuencias más comunes de las alteraciones en el genoma.

4.2. El origen de las mutaciones

El ADN se encuentra resguardado en lo más profundo de la célula y rodeado de múltiples barreras que lo protegen de agresiones externas. Este elevado nivel de protección se debe a que el ADN es el centro de mando, "el cerebro" de la célula, el que le indica qué debe y no hacer, cómo debe o no comportarse, si vive o muere. Por esta razón el mantenimiento de su integridad es crucial para la supervivencia de la célula y del organismo en su conjunto. Sin embargo, a pesar de todas estas barreras que la célula levanta para mantener su ADN intacto, en ocasiones no son suficientes y termina dañándose.

El daño al ADN en las células de la línea germinal (espermatozoides y óvulos) puede provocar mutaciones hereditarias. Por otro lado, el daño al ADN de las células del resto del cuerpo, llamadas células somáticas, puede ocasionar la aparición de cáncer.

Dependiendo del origen del daño, las mutaciones se clasifican en mutaciones inducidas y mutaciones espontáneas.

Las mutaciones inducidas son causadas por agentes químicos y radiaciones que consiguen atravesar las barreras celulares y dañan gravemente al ADN. Estos agentes son conocidos como mutágenos y su naturaleza es muy variada. Algunos mutágenos como las toxinas provenientes de microorganismos, los rayos cósmicos o la luz ultravioleta son componentes naturales de nuestro medio ambiente y son imposibles de evitar. Pero otros mutágenos como los desechos industriales, los rayos X y los productos químicos dañinos presentes en los alimentos o en el humo del tabaco sí podemos evitarlos y depende de nosotros mantenernos alejados de ellos.

Los mutágenos más peligrosos para el ADN son los radicales libres, ya que son altamente inestables y destruirán la integridad estructural de todo con lo que tengan contacto. Además, a causa de un fenómeno llamado reacción en cadena, los radicales libres pueden convertir a otras partículas en nuevos radicales libres que a su vez crearán más y más radicales libres en un proceso difícil de detener. Afortunadamente contamos con un aliado muy poderoso para enfrentarnos a la amenaza de los radicales libres: los famosos antioxidantes. A través de una amplia gama de mecanismos de acción, los antioxidantes estabilizan a los radicales libres y nos mantienen a salvo de ellos. Sin embargo, debido a que los radicales libres son necesarios para llevar a cabo funciones tan vitales como la respiración celular y la defensa inmune, debe existir un perfecto equilibrio entre los radicales libres formados y los antioxidantes presentes capaces de estabilizarlos. Si el equilibrio se rompe y la concentración de radicales libres supera a la cantidad de antioxidantes disponibles se genera un fenómeno conocido como estrés oxidativo que tiene graves consecuencias, entre ellas la mutación del ADN.

Por otro lado, las mutaciones espontáneas son cambios en el ADN ocasionados por procesos químicos y biológicos naturales. Se denominan espontáneas porque son alteraciones muy poco frecuentes que nuestro cuerpo comete en su propio ADN sin que haya intervención de agentes mutágenos externos.

Se distinguen tres procesos químicos que causan mutaciones espontáneas en el ADN: desaminación, depurinación y cambios tautoméricos.

Desaminación. Durante este proceso químico la base **C** del ADN es transformada en una base **U** del ARN. Si esta modificación no es reparada, cuando esa hebra de ADN se replique, la ADN polimerasa insertará la base **A** en la hebra complementaria en lugar de la correspondiente **G**, ocasionando una mutación perpetua en el ADN (Fig. 52).

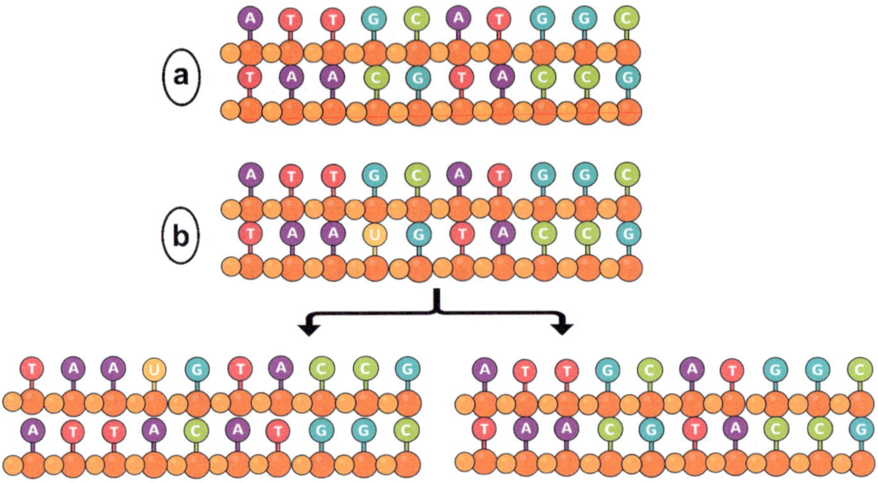

Fig. 52. Ejemplo de una desaminación espontánea (cambio de una base C a una base U). a) ADN original y b) ADN mutante con una desaminación espontánea que al replicarse generará una hebra sana y una hebra alterada que perpetuará la mutación durante los ciclos de replicación posteriores.

Depurinación. Sucede cuando la estructura de las bases A o C colapsan espontáneamente partiéndose en dos y dejando un pequeño hueco en el ADN que, si no se repara, generará mutaciones. Cuando esto sucede, la ADN polimerasa empleará ambas hebras como molde durante el proceso de replicación del ADN y una de las hebras (la que no tiene hueco) generará un ADN normal, mientras que la hebra depurinizada (con hueco) generará una mutación, ya que se insertará una base aleatoria complementaria en el sitio donde se encuentra el hueco (Fig. 53).

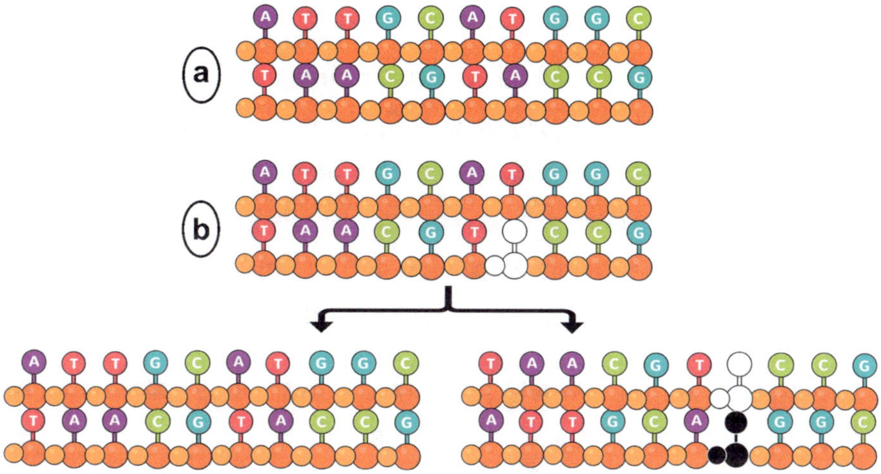

Fig. 53. Ejemplo de una Depurinación en donde una base A es eliminada dejando un hueco que durante la replicación será complementado con bases aleatorias. a) ADN original y b) ADN mutante depurinizado replicado.

Cambios tautoméricos. Es una modificación espontánea en la estructura de las bases ocasionada por un cambio en su "forma geométrica", haciendo que se invierta la complementariedad normal de bases. En lugar de unirse **A** con **T** y **C** con **G**, como es lo normal, se unirán **A** con **C** y **T** con **G** ocasionando mutaciones durante las replicaciones subsecuentes.

Además de los procesos químicos, también existen procesos biológicos naturales que causan mutaciones espontáneas. El más común es el que se comete durante el proceso de síntesis de la nueva hebra de ADN. Cuando la ADN polimerasa replica el ADN puede cometer errores e insertar una base distinta que no corresponde con su base complementaria creando un "ADN aberrante" que, si no es corregido, transmitirá esa mutación a sus células hijas. Por fortuna nuestra enzima ADN polimerasa es tan eficiente que solo comente errores en la polimerización de bases una vez cada mil millones de bases insertadas.

Existe un indicador que nos dice el número de mutaciones que sufre un solo gen cada vez que el genoma se replica, se conoce como tasa de mutación espontánea. Dependiendo del origen y tipo de mutación, este número oscila en el rango de 1 mutación por cada 100,000 replicaciones y 1 mutación por cada mil millones de replicaciones. El número es tan pequeño que podría considerarse irrelevante, sin embargo, también deben contemplarse las mutaciones inducidas que dependen de la exposición del individuo a distintas clases de mutágenos, en especial radicales libres y radiaciones.

Usualmente un ser humano promedio tiene en su genoma entre 100 y 200 nuevas mutaciones que no fueron heredadas por sus padres. Dado que el genoma humano contiene aproximadamente 6,400,000,000 bases, es claro que la mutación es un fenómeno poco frecuente. La baja tasa de mutación en seres humanos se debe en gran medida a que nuestra enzima ADN polimerasa posee un mecanismo de reparación del ADN que le permite identificar errores en la secuencia de bases y corregirlos.

4.3. Reparación de las mutaciones

Considerando que la mayoría de las mutaciones son perjudiciales, sin mecanismos de reparación de daños las mutaciones serían tan frecuentes que probablemente la vida como la conocemos no existiría. La reparación del ADN se lleva a cabo en tres pasos:

1. El sistema de reparación detecta irregularidades en la estructura del ADN.
2. La alteración se elimina mediante la acción de enzimas reparadoras que retiran la base equivocada y dejan un "hueco" en la zona dañada.
3. El hueco es llenado con su base complementaria correcta por la acción de un tipo de ADN polimerasa similar al que replica el ADN pero que se dedica específicamente a la reparación de daños.

La estrategia de reparación anterior se denomina mecanismo por escisión de bases. En mamíferos se conocen tres tipos: escisión de base, escisión de nucleótidos y reparación de errores de emparejamiento.

La escisión de bases se activa cuando una sola base ha sido alterada o sustituida y las proteínas reparadoras la identifican y la remueven. Un ejemplo de reparación de este tipo sucede cuando procesos químicos espontáneos (no inducidos por agentes externos) transforman una base **C** en una base **U**. Al percatarse de esta situación, las proteínas correctoras emplean la cadena complementaria como referencia para determinar que debería haber una **C** en vez de una **U**, así que proceden a retirar la base **U** errónea y colocar la base **C** correcta.

El mecanismo por escisión de nucleótidos se activa cuando más de un nucleótido ha sido dañado y se remueven como parte de un conjunto de varias bases que incluyen a las bases dañadas y algunas bases adicionales que las rodean. Por ejemplo, la exposición a luz ultravioleta ocasiona que dos bases **C** o dos bases **T** que se encuentren continuas dentro del ADN se fusionen en una sola formando una **T-T** o una **C-C**. Esta situación genera distorsiones en la estructura de la doble hélice y causa errores durante la replicación. Cuando esto sucede se activa el mecanismo de reparación que retira estos pares de bases mutantes junto con algunos nucleótidos a su alrededor. Posteriormente la ADN polimerasa resintetiza esa sección para reparar el daño ocasionado.

La reparación de errores de emparejamiento es un mecanismo de revisión que escanea todo el ADN en busca de bases mal emparejadas y repara los errores encontrados. Por ejemplo, si la ADN polimerasa apareó por error una base **A** con una base **C**, las proteínas reparadoras identifican el apareamiento incorrecto, retiran la base incorrecta y unen la correcta.

Los mecanismos de reparación antes mencionados se activan cuando una de las dos hebras ha sido dañada. Estos errores pueden repararse utilizando la información presente en la hebra complementaria, siguiendo la regla de complementariedad **A** con **T** y **C** con **G**. Si la hebra superior ha sido alterada, la ADN polimerasa mira la hebra inferior y corrige con base en esta regla.

Pero, ¿qué hacemos si ambas hebras se ven comprometidas?

Cuando nos exponemos a radiación ionizante como los rayos X, ambas hebras de ADN se fracturan al mismo tiempo y se pierde el acceso a la información de la hebra complementaria. Estas lesiones son muy peligrosas ya que pueden conducir a la fragmentación de los cromosomas y, por ende, a la pérdida de genes.

Cada cromosoma contiene información única que no puede ser reemplazada. Cuando un cromosoma se rompe y los pedazos rotos se pierden, la célula no tiene una copia de repuesto que pueda usar para reconstruir la información perdida. Afortunadamente nuestras células poseen una habilidad extraordinaria para auto reparar su genoma y desarrollaron dos mecanismos para enfrentarse a este reto: unión de extremos no homólogos y la recombinación homóloga.

Durante el mecanismo de unión de extremos no homólogos, un conjunto especializado de enzimas se une rápidamente a los extremos rotos para volver a "pegarlos" antes de que los fragmentos de ADN se separen y se pierdan. Este grupo de enzimas "limpia" los extremos rotos y los vuelve a unir, pero al "limpiar" la rotura para que esté lista para la ligadura, algunas bases en el sitio de unión se pierden, arriesgándose a generar mutaciones por modificación en el marco de lectura. Claro que es preferible arriesgarse a sufrir algunas mutaciones antes que perder decenas e incluso cientos de genes a causa de fractura.

La recombinación homóloga es una estrategia más inocua que permite reparar el daño a la doble hélice sin tener que pagar el alto precio que se paga en una unión de extremos no homólogos. Sin embargo, solo puede ejecutarse si la fractura a la doble hebra sucede poco después de que se haya replicado el ADN, cuando las dos hélices recién creadas aún están cerca la una de la otra y es posible iniciar el siguiente proceso:

1. Un grupo de proteínas se une a los extremos de ambas hebras rotas y las "mastican" para crear dos lados cortos (Fig. 54).

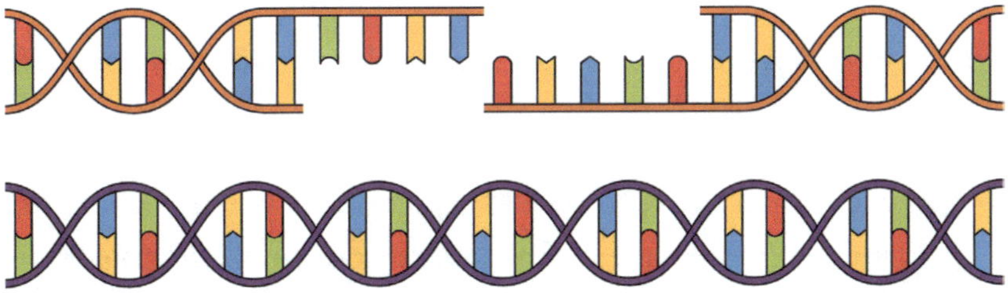

Fig. 54. Doble hebra rota con extremos "masticados" expuestos.

2. Uno de estos extremos cortos recién creados invade la doble hebra sana que acaba de ser sintetizada durante la replicación y "escanea" toda la hebra hasta encontrar su secuencia complementaria larga y precisa (Fig. 55).

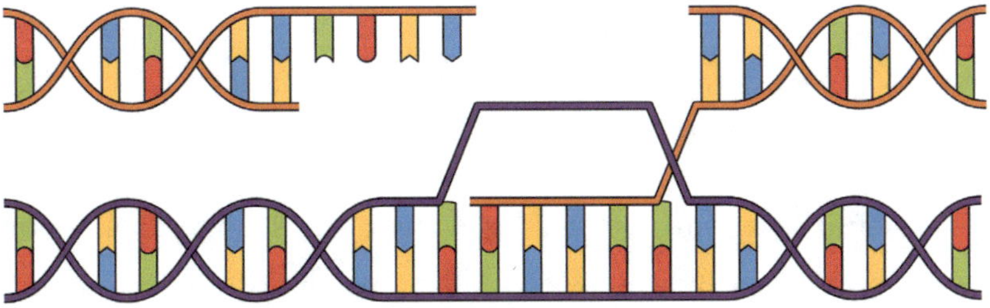

Fig. 55. Extremo "masticado" invadiendo la doble hebra sana recién creada en busca de su secuencia complementaria.

3. Una vez que encuentra su secuencia complementaria, la hebra invasora se alarga con ayuda de la ADN polimerasa empleando como plantilla la hebra sana (Fig. 56).

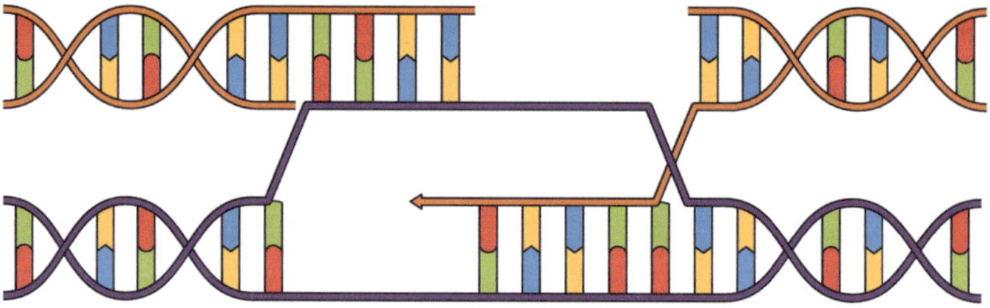

Fig. 56. Hebra invasora recopilando la información perdida empleando a la hebra sana como plantilla.

4. Cuando la polimerasa ha pasado el punto donde se produjo la rotura, la hebra recién reparada vuelve a unirse a su pareja original trayendo consigo la información perdida que le permite restaurar su estructura original (Fig. 57).

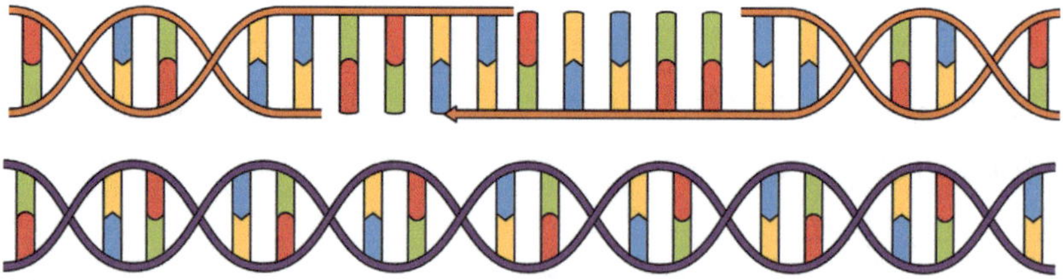

Fig. 57. Doble hebra de ADN reparado al 100% gracias a la información recopilada de la doble hebra vecina.

El resultado final son dos dobles hélices sanas e idénticas donde la información genética de una se empleó como plantilla para reparar a la otra. Este mecanismo es posiblemente el más útil con el que cuenta la célula, ya que mientras se tenga cerca la doble hélice recién duplicada es posible reparar grandes daños.

CAPÍTULO 5

El ciclo celular

El ciclo de replicación y división, conocido como ciclo celular, es el ciclo de vida de la célula caracterizado por el nacimiento de dos células hijas a partir de una célula progenitora. Este mecanismo permite la supervivencia y prevalencia de la vida como la conocemos, ya que, cuando las células envejecen y mueren, es necesario que sean reemplazadas por células jóvenes "recién nacidas". El proceso en su conjunto debe ser cuidadosamente regulado y coordinado para asegurar que las células hijas presenten una estructura morfológica correctamente formada y que contengan genomas intactos idénticos al de su progenitora.

En las células humanas, el desarrollo del ciclo celular está regulado por proteínas supervisoras encargadas de impedir que la célula se divida sin control. La regulación del ciclo celular permite coordinar la división celular con las necesidades del organismo en su conjunto. Es de esperarse que cualquier alteración en los puntos de control y regulación del ciclo celular sean una causa común de la aparición de cáncer.

De forma general, la división celular consta de cuatro fases:

1. Incremento del tamaño celular.

2. Replicación del ADN.

3. Distribución del genoma duplicado.

4. División de la célula progenitora en dos células hijas.

Antes de que el proceso de replicación del material genético dé inicio, la cromatina del núcleo que se encuentra desordenada debe organizarse linealmente en paquetes de cromosomas.

Los cromosomas son el último nivel de empaquetamiento del ADN y cada uno de los 46 cromosomas creados es un paquete de cromatina que contiene una pequeña fracción del genoma. Recordemos que la cromatina del núcleo es una estructura desordenada como "sopa de fideos" que contiene 2 metros de ADN empaquetado en fibras muy delgadas y que durante las etapas de la división celular se alinean en cromosomas para facilitar su replicación (Fig. 58).

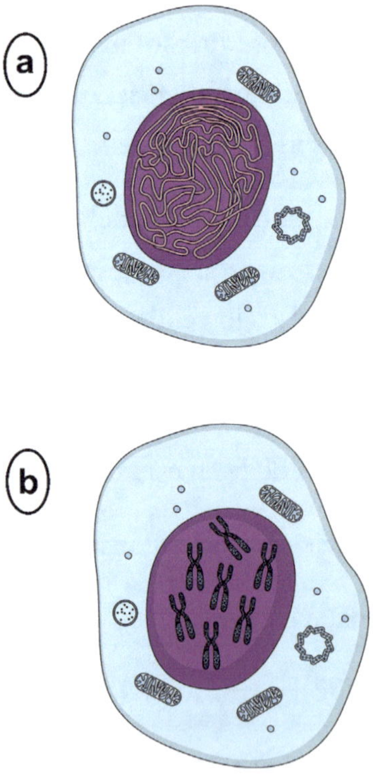

Fig. 58. a) Célula antes de la replicación con su ADN empaquetado en cromatina y b) Célula durante la replicación con su ADN ultra empaquetado en cromosomas.

El ciclo celular se desarrolla a través de dos grandes etapas: la fase mitótica o fase M y la interfase. La interfase es el proceso más largo del ciclo celular y se divide en 3 etapas: fase G1, fase S y fase G2. La fase M es una etapa corta de aproximadamente una hora y consta de dos procesos fundamentales: cuando el núcleo se divide durante un proceso denominado mitosis y cuando la célula progenitora se divide en dos células hijas, proceso llamado citocinesis (Fig. 59).

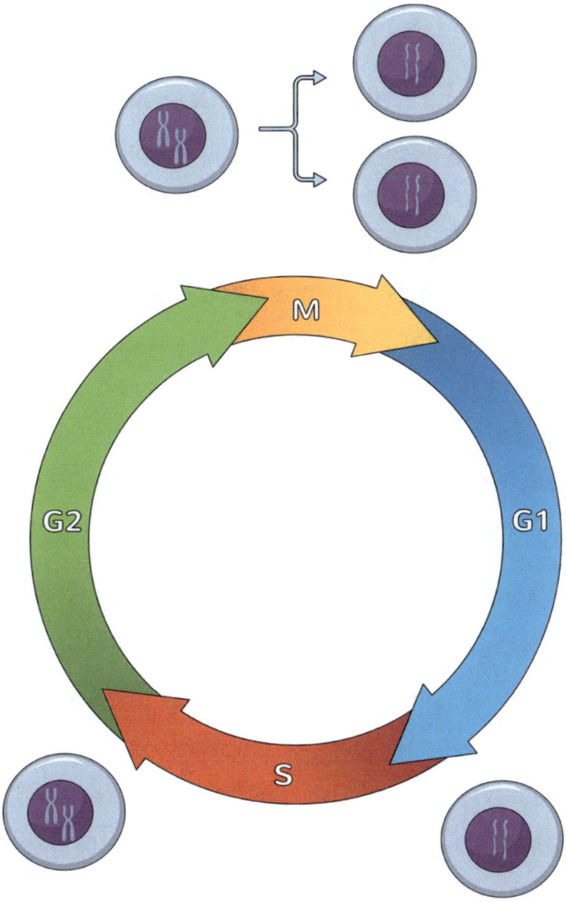

Fig. 59. Diagrama que muestra las distintas etapas del ciclo celular: fase M y la interfase (G1, S y G2).

5.1. Interfase

Podría decirse que la interfase es el periodo en el cual una célula "desarrolla su vida cotidiana" y se prepara para entrar en la fase M del ciclo. Durante este periodo la célula no se divide, sino que emplea su tiempo y energía en crecer y sintetizar los componentes que necesitará en la fase de división celular. En este punto del ciclo se lleva a cabo la replicación del ADN que ya ha sido empaquetado en cromosomas.

Se reconocen tres etapas de la interfase: fase G_1, fase S y fase G_2.

Fase G_1: cuando una célula se divide tiene aproximadamente la mitad del tamaño de su progenitora, por lo que en esta etapa las células se dedican principalmente a crecer hasta alcanzar el tamaño óptimo. También se lleva a cabo una exhaustiva síntesis de proteínas y otros componentes celulares que serán necesarios en etapas posteriores del ciclo. Si la célula no se divide, como es el caso de las neuronas o células del músculo cardiaco, entra en un estado de reposo indefinido que se encuentra fuera del ciclo celular denominado fase G0. Cuando determinadas células entran en esta fase, se encargan exclusivamente de llevar a cabo sus funciones sin prepararse para dividirse.

Fases S: en esta etapa la célula inicia la replicación de su genoma. Una vez finalizado el proceso de replicación obtendremos 46 cromosomas compuestos por dos "bastones" de ADN condensado conocidos como cromátides hermanas. Ambas cromátides son idénticas entre sí y contienen una copia exacta de material genético (Fig. 60). El proceso de generación de cromátides hermanas continúa hasta que se ha replicado todo el genoma.

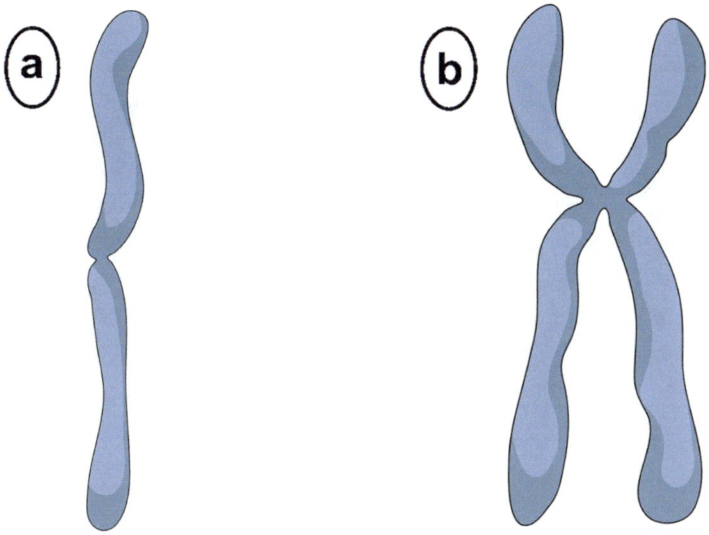

Fig. 60. a) Cromátide simple y b) cromosoma formado por la unión de dos cromátides hermanas unidas por el centro a través de su centrómero.

Las cromátides hermanas se mantienen unidas gracias a una estructura que funciona como un "cinturón" llamado centrómero. Este "cinturón" formado por ADN no codificante y proteínas cumple una función crucial durante la separación equitativa de las cromátides hermanas en las dos células hijas.

Durante esta fase también se duplica un conglomerado de proteínas denominado centrosoma. Este organelo está formado por diminutas estructuras cilíndricas que se duplican durante la división celular y se colocan en polos opuestos de la célula. Esta estructura ensambla largas "cuerdas" de microtúbulos que se encargarán de separar a las cromátides hermanas para repartirlas por igual en ambas células hijas (Fig. 61).

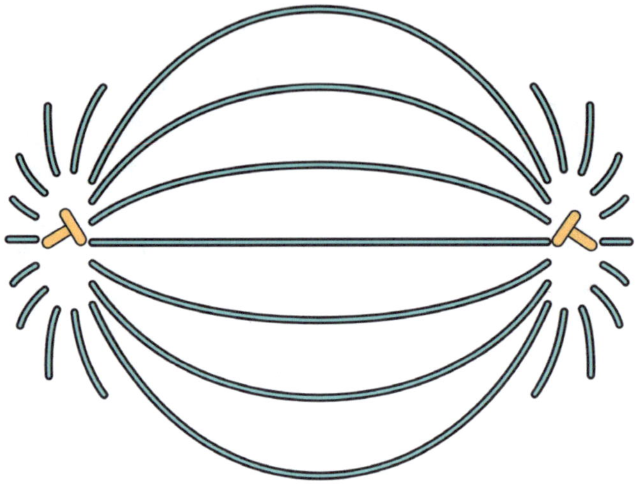

Fig. 61. Centrosomas formados por unos pequeños cilindros de proteína denominados microtúbulos.

Fase G_2: se considera una extensión de la fase G1, ya que en este periodo la célula reinicia su fase de crecimiento y síntesis de componentes celulares. La principal función de esta etapa es reorganizar su estructura y prepararse para las etapas de división posteriores.

En esta fase también se escanean ambas copias del genoma para buscar daños en el ADN. Si el escaneo encuentra alguna alteración se activan puntos de control y se retrasa la entrada de la célula en la mitosis. Esto da tiempo a la célula para analizar el daño y buscar una forma de repararlo.

5.2. Fase mitótica

Esta fase se lleva a cabo en dos etapas:

1. La mitosis: en donde se reparte el genoma replicado y los diferentes componentes celulares creados, dirigiéndolos hacia polos opuestos de la célula.

2. La citocinesis: aquí la célula se parte en dos y el citoplasma se divide para dar origen a dos células hijas independientes.

La mitosis se divide cuatro fases discretas: profase (temprana y tardía), metafase, anafase y telofase.

Profase temprana. En esta etapa los cromosomas replicados se condensan a fin de facilitar su separación. Los dos centrosomas formados durante la fase S (Fig. 61) comienzan a separarse y a migrar hacia extremos opuestos de la célula. A medida que se separan comienza a formarse el **huso mitótico**, es decir, un conjunto de microtúbulos (fibra de proteínas similar a un muy pequeño cilindro) que nacen de los centrosomas y cuya principal función es enlazar a los cromosomas para ubicarlos en el ecuador y posteriormente desplazarlos hacia los polos de la célula, consiguiendo de esta forma el reparto equitativo del ADN replicado (Fig. 62).

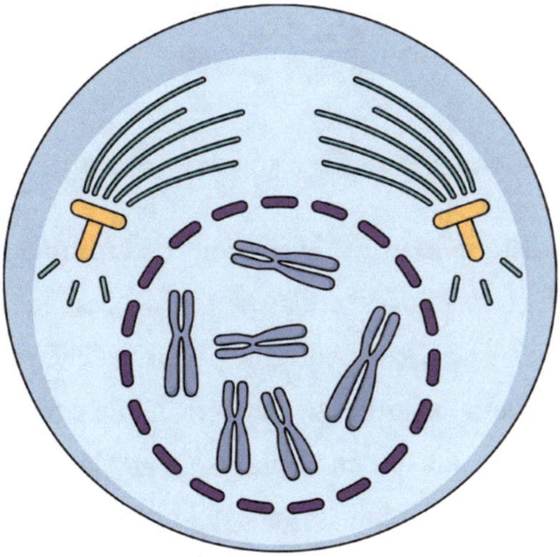

Fig. 62. Estructura celular entrando en profase temprana.

Profase tardía. Comienza cuando "el caparazón" nuclear se rompe y los cromosomas se unen aleatoriamente a los microtúbulos que emanan de los dos polos del huso mitótico en formación. De esta forma, los microtúbulos comienzan una "cacería" de cromosomas a fin de separar el genoma replicado equitativamente entre las dos células en formación (Fig. 63).

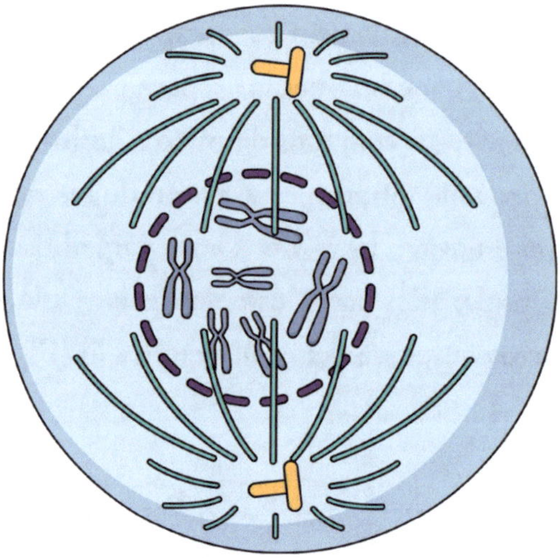

Fig. 63. Estructura celular entrando en profase temprana.

Metafase. En este momento "la cacería" de cromosomas por parte de los microtúbulos ha concluido y todos los cromosomas se ubican en el plano ecuatorial (una línea imaginaria equidistante a los centrosomas de ambos polos). Antes de pasar a la siguiente etapa, la célula comprobará que todos los cromosomas se encuentren en el plano ecuatorial con sus centrómeros unidos correctamente a los microtúbulos del huso mitótico, asegurando de esta forma que las cromátidas hermanas se dividan adecuadamente entre las dos células hijas. Si un cromosoma no está bien alineado se detendrá la división hasta resolver el problema (Fig. 64).

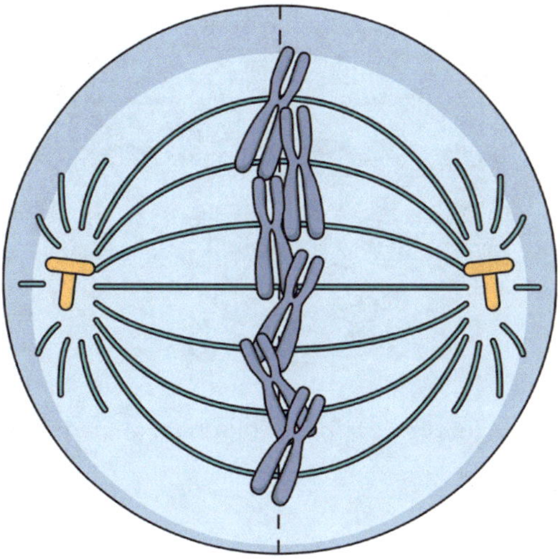

Fig. 64. Estructura celular entrando en metafase.

Anafase. La célula entra en esta fase cuando las cromátidas hermanas se separan sincrónicamente y son jaladas por los microtúbulos hacia polos opuestos de la célula. Este proceso consiste en dos etapas: una temprana en la que se separan las cromátides hermanas (Fig. 65) y otra tardía en la cual los centrosomas se separan y los microtúbulos se elongan para separar los polos y alargar la célula (Fig. 66). Al final de esta etapa se han obtenido dos juegos idénticos de cromosomas en los dos polos de la célula.

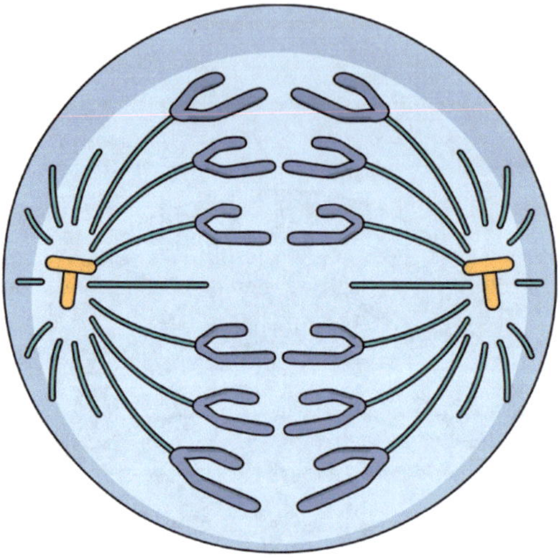

Fig. 65. Estructura celular entrando en anafase temprana.

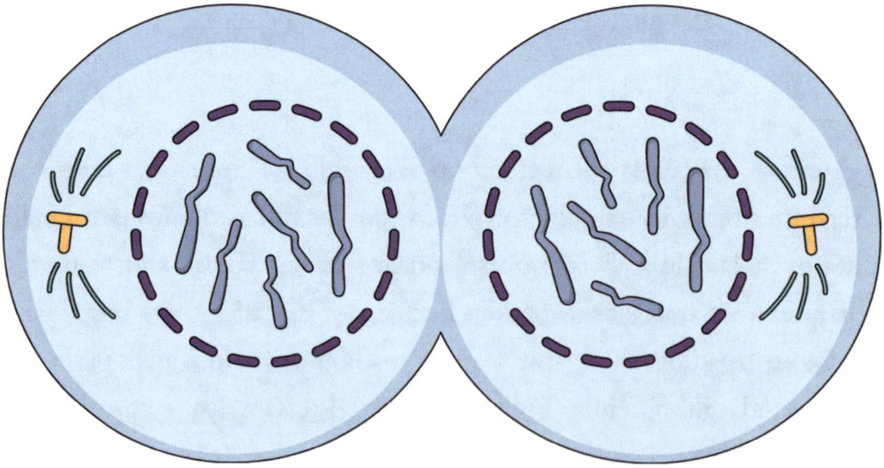

Fig. 66. Estructura celular entrando en anafase tardía.

Telofase. Durante esta fase los dos genomas replicados llegan en su totalidad a los polos de la célula y los cromosomas se desensamblan para formar nuevamente cromatina. Después se forma una nueva envoltura nuclear alrededor de cada genoma formado dos nuevos núcleos y finalizando el proceso de mitosis (Fig. 67).

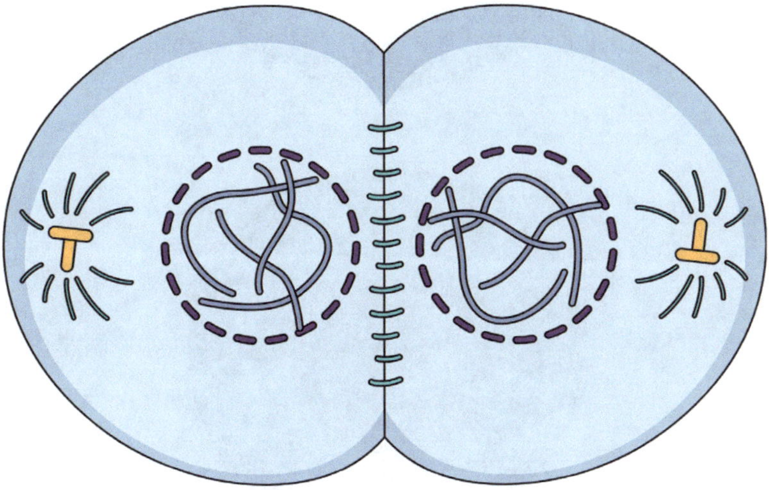

Fig. 67. Estructura celular entrando en telofase.

El ciclo concluye cuando un anillo contráctil de proteínas se ensambla como un cinturón circunferencial en el ecuador y se contrae hasta conseguir la separación final de la progenitora en sus dos células hijas. Este proceso se conoce como citocinesis (Fig. 68).

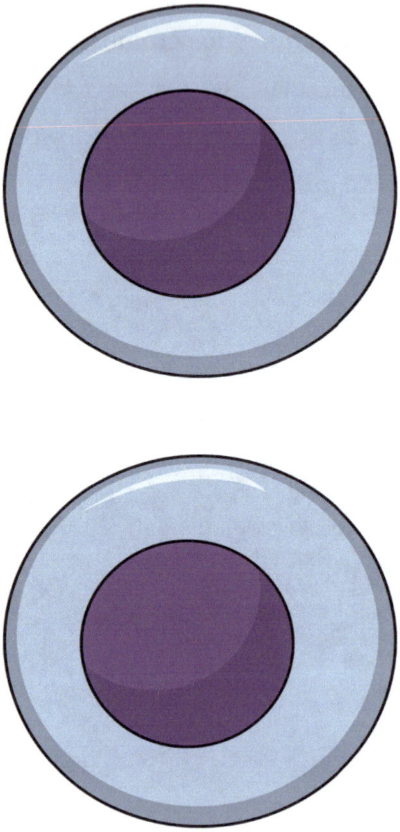

Fig. 68. Resultado final de la división celular: dos células hijas idénticas.

5.3. Puntos de control del ciclo celular

Las etapas sucesivas del ciclo celular están reguladas por señales externas que provienen del ambiente extracelular, pero también por señales internas que coordinan cuidadosamente cada una de las fases del ciclo. La regulación de los diferentes procesos celulares, como el crecimiento celular de la fase G1, la replicación del ADN de la fase S y la mitosis de la fase M, se hace posible gracias a un grupo de puntos de control que regulan la progresión del ciclo.

Los puntos de control son un conjunto de circuitos bioquímicos que detectan estímulos de diversa índole que provienen del espacio intra y extracelular (Fig. 69).

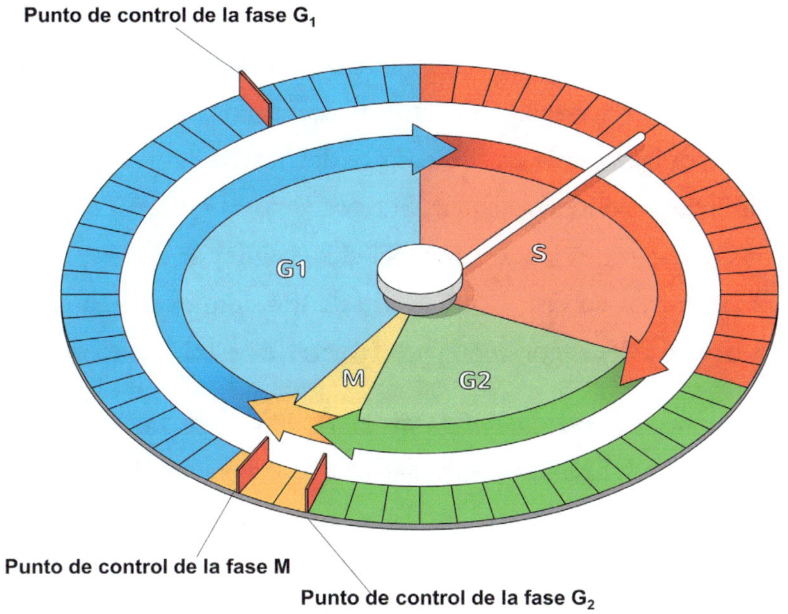

Fig. 69. Puntos de control de las fases G1, G2 y M.

Con base en la naturaleza del estímulo recibido, los puntos de control emiten una respuesta que tiene efectos decisivos en la progresión del ciclo celular. Cuando una célula no recibe los estímulos adecuados para desarrollar correctamente cada una de las fases del ciclo celular en condiciones normales tiene dos opciones:

1. Vivir permanentemente en fase G0 que, como vimos anteriormente, es una etapa quiescente en la que la célula no se divide.

2. Puede suicidarse a través de un mecanismo denominado apoptosis.

Existe un gran número de controles y regulaciones de la división celular, pero los más relevantes son tres: punto de restricción de la fase G1, punto de control de daños en el ADN y punto de control de ensamblaje del huso.

Punto de restricción de la fase G_1. Es un regulador que controla la progresión de la fase de crecimiento G1 a la fase de síntesis S. Una vez que la célula ha comenzado a crecer requiere de "un permiso" especial otorgado por factores de crecimiento, es decir, señales bioquímicas capaces de modificar la conducta celular. Si estos factores no están disponibles en la fase G1, la progresión a través del ciclo celular se detiene y las células detenidas entran en fase G0. El ciclo de división puede reanudarse si la célula en fase G0 es estimulada por factores de crecimiento apropiados.

Punto de control de daños en el ADN. Este mecanismo detecta cuando el material genético se ha dañado, ha sido alterado o se ha replicado de forma incompleta. Su función es garantizar que el ADN dañado no se replique y se transmita a las células hijas o que se generen células hijas con material genético incompleto. Estos puntos de control operan en las fases G1, S y G2 del ciclo celular.

El punto de control G1 permite que se reparen los daños que presente el ADN antes de que la célula entre en la fase de síntesis donde se replicaría el ADN dañado.

El punto de control de la fase de replicación S se encarga de monitorear continuamente la integridad del ADN para garantizar que el ADN dañado se repare antes de replicarse. Además promueve la reparación de cualquier error que ocurra durante la replicación del ADN, como la incorporación de bases complementarias incorrectas o la replicación incompleta de segmentos de ADN.

El punto de control en la fase G_2 detiene el inicio de la mitosis cuando una parte del genoma de la célula no se ha replicado completamente o contiene lesiones no reparadas. De esta forma el ADN dañado envía una señal que conduce a la detención del ciclo celular, mismo que se reanudará cuando el genoma se haya replicado en su totalidad y haya sido reparado todo el daño generado en el ADN.

La detención del ciclo celular en las distintas fases está principalmente regulado por tres proteínas supervisoras que se activan al detectar daño en el ADN: p53, ATR y ATM.

Las proteínas ATR y ATM detectan ADN dañado de dos formas distintas:

1. ATR se activa cuando se detecta ADN de una sola hebra no replicado.
2. ATM se activa cuando encuentra ADN de doble hebra roto o discontinuo.

Cuando se detectan estas alteraciones en la replicación del ADN, ATR y ATM activan dos proteínas del punto de control llamadas chk1 y chk2 que detienen el ciclo celular en seco.

Por otra parte, la proteína p53 se activa al detectar mutaciones en el ADN, como las ocasionadas por radiaciones o radicales libres. Cuando es activada, p53 detiene el ciclo celular al inhibir directamente a las proteínas que dirigen el ciclo, ganando tiempo para que se repare el ADN. Si la reparación del ADN no es exitosa, p53 activará el "suicidio" celular, evitando así que el ADN dañado se transmita a futuras generaciones de células.

Si alguno de estos mecanismos de control falla, las mutaciones se acumularán y se generará la aparición de células cancerígenas. De todos los genes que han sido relacionados con la aparición del cáncer, la forma mutante del gen que codifica a la proteína p53 es el que se presenta con mayor frecuencia. Su función es tan importante para asegurar la correcta replicación del ADN que ha sido nombrado como "el guardián del genoma".

Punto de control de ensamblaje del huso. Se encarga de monitorear la alineación de los cromosomas en el huso mitótico, para asegurarse que los microtúbulos "capturen" a todos los cromosomas y los alineen en el ecuador. Esto permite asegurar que un conjunto completo de cromosomas se distribuya efectivamente a cada una de las células hijas manteniendo la integridad del genoma hacia el final de la mitosis. Si uno o más cromosomas no se alinean adecuadamente, el punto de control detiene la mitosis en la metafase permitiendo la reanudación del ciclo hasta que el problema se solucione y los cromosomas se alineen adecuadamente.

5.4. Señales bioquímicas y factores de transcripción que regulan el ciclo celular

Las señales que la célula interpreta y le permiten regular su ciclo de división son creadas por señalizadores bioquímicos, entendiendo como tales a unas partículas microscópicas que, al unirse a su receptor, envían estímulos dentro y fuera de la célula. Con base en la naturaleza del estímulo recibido, la célula activa o desactiva funciones celulares. Algunos ejemplos de señalizadores bioquímicos son hormonas, proteínas, aminoácidos y esteroides.

En ocasiones, la señal emitida por los señalizadores bioquímicos activa factores de transcripción que se unen a regiones específicas del ADN y se encargan de activar o desactivar la decodificación de genes involucrados en la regulación del ciclo celular. Como vimos en la sección anterior, en nuestro genoma están codificadas proteínas, y para poder ser sintetizadas el gen que las codifica debe ser transcrito en forma de ARN y a partir de esta plantilla de ARN la proteína es creada en el ribosoma.

Un factor de transcripción se encarga de "señalar o marcar" en el ADN el sitio en el que se encuentran los genes de interés. De esta forma, la ARN polimerasa no necesita desenrollar y leer todo el genoma para encontrar el código que está buscando, sino que el factor de transcripción marca el sitio exacto y le facilita enormemente la tarea (Fig. 70).

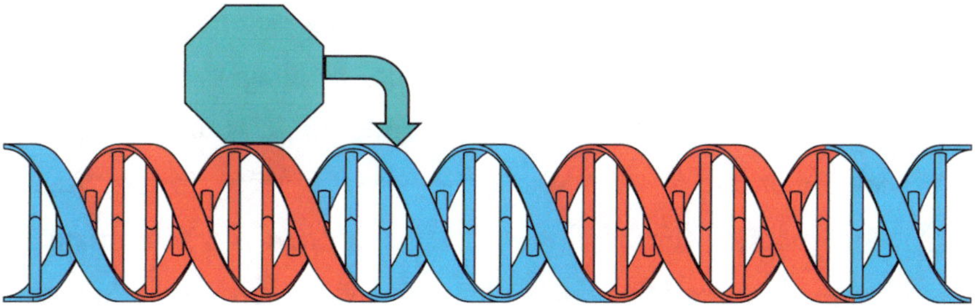

Fig. 70. Mecanismo básico de unión de los factores de transcripción a una secuencia específica de ADN, indicando a la ARN polimerasa el sitio al que debe unirse.

Las señales emitidas por los señalizadores bioquímicos y los factores de transcripción son fundamentales para coordinar la entrada y salida de las distintas fases del ciclo, ya que un error que implique, por ejemplo, pasar de la fase S a la fase G2 sin verificar que el ADN se haya replicado correctamente, podría originar células con ADN mutante y un genoma modificado, situación que, si no resulta mortal para las células hijas, ocasionará la aparición de trastornos celulares como el cáncer.

En lo que resta de este capítulo nos enfocaremos en describir los señalizadores y factores de transcripción que coordinan la regulación del ciclo celular.

5.5. Proteínas quinasas y su rol regulador

Las proteínas quinasas son señalizadores bioquímicos encargados de la regulación del ciclo celular (Fig. 71). Su mecanismo de acción radica en la activación y desactivación de funciones celulares, empleando para ello enlaces fosfato de alta energía. El nombre suena complejo, pero los enlaces fosfato de alta energía son simplemente la "moneda" con la que se paga la gran mayoría de los procesos celulares. Por ejemplo, si una partícula de gran tamaño quiere entrar a la célula, debe hacerlo atravesando una "puerta", y para abrirla tiene que pagar con una determinada cantidad de esas "monedas", o si se quiere "encender" o "apagar" un receptor de estímulos o activar la secreción de algún fluido o iniciar una determinada acción celular, también se debe pagar con enlaces fosfato de alta energía. La práctica totalidad de nuestras funciones vitales requieren de esta "moneda energética" para llevarse a cabo. Sin estas "monedas" moriríamos instantáneamente por "insolvencia energética". El rigor mortis característico de los cadáveres se debe a que al morir el individuo ya no se crea más "moneda energética", la cual es necesaria para poder "pagar" la relajación muscular y en consecuencia los músculos se mantienen permanentemente contraídos.

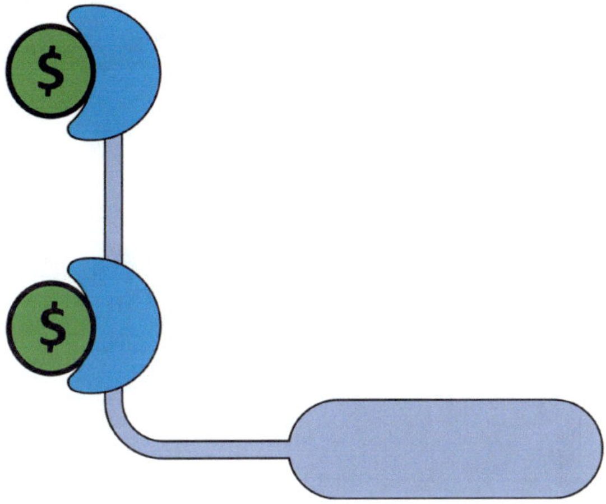

Fig. 71. Estructura de una proteína quinasa con dos “monedas” listas para “gastarse”.

Pensemos en la célula como una fábrica en la que tenemos una cadena de mando que coordina las actividades que permiten a esta fábrica producir un bien determinado. Para llevar a cabo su función se necesitan trabajadores, máquinas y una fuente de energía para que la maquinaria funcione. Si cualquiera de estos tres componentes falla, la fábrica se detiene en seco. En nuestras células el proceso es similar, tenemos “máquinas” cuyo análogo serían los organelos que mantienen a la célula funcionando, una “plantilla laboral” cuyo análogo serían los señalizadores bioquímicos que coordinan las actividades diarias y usan su “fuerza de trabajo” para echar a andar a las máquinas y como fuente de energía tenemos a las mitocondrias, que usan las grasas y azúcares que consumimos para crear “monedas energéticas” que son utilizadas para activar o desactivar a las máquinas a través de procesos llamados fosforilación y desfosforilación.

A lo largo del texto, cada vez que hablemos de fosforilación nos referiremos al pago de un enlace fosfato de alta energía o dicho de una forma más simple, el pago de una “moneda energética” para activar una función celular, y cuando hablemos de desfosforilación, significará que retiramos o "robamos" la "moneda energética" impidiendo que se active una función celular (Fig. 72).

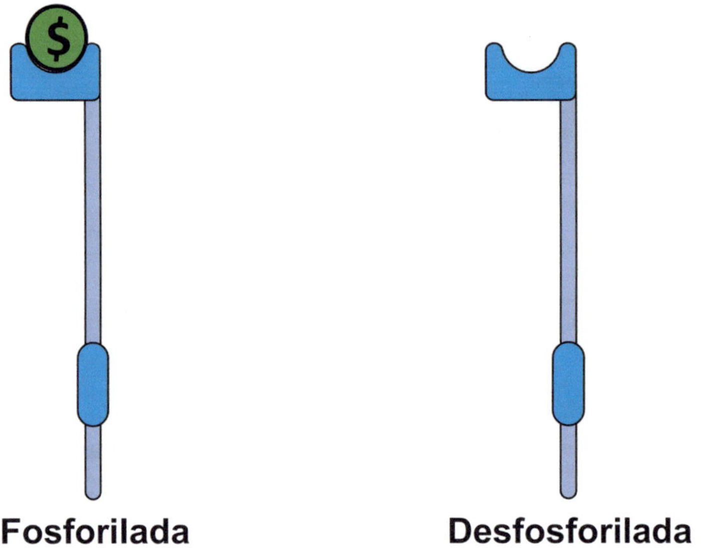

Fig. 72. Proteína quinasa fosforilada y desfosforilada (con y sin "moneda energética").

Las proteínas quinasas son las maestras de la fosforilación y su función radica en activar y desactivar funciones celulares a través del uso de "monedas energéticas". En su forma natural se encuentran "apagadas" y la razón es simple: si estuvieran permanentemente "encendidas" activarían y desactivarían funciones a diestra y siniestra creando un caos celular imposible de detener. Por esta razón deben ser reguladas y activadas en momentos precisos por otra proteína llamada ciclina.

Las ciclinas se unen a las quinasas y al "embonar" las activan creando lo que se conoce como CDK activa por sus siglas en inglés (cyclin-dependent protein kinase) (Fig. 73). La unión de la ciclina a la quinasa la "enciende" temporalmente y le permite ejercer sus funciones de fosforilación y desfosforilación, regulando de esta forma la progresión del ciclo celular.

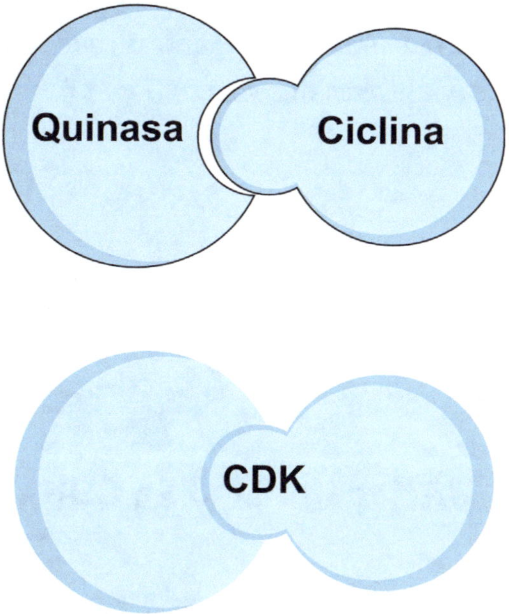

Fig. 73. Proteína quinasa y ciclina uniéndose para crear una CDK.

La activación y desactivación cronometrada de distintos tipos de CDK crea las señales que a modo de reloj coordinan la progresión de la división celular, asegurando que se inicie una nueva etapa hasta que se haya concluido la etapa previa.

Para que sus funciones se ejecuten correctamente, la actividad de las CDK se regula por tres mecanismos principales: regulación por fosforilación, estimulación de la síntesis de ciclinas y quinasas a través de los factores de crecimiento e Inactivación de CDK por inhibidores de proteínas.

Regulación de CDK por fosforilación. La unión de la ciclina a la quinasa crea una proteína activa pero que no tiene la fuerza suficiente para iniciar una nueva etapa del ciclo celular. La fuerza necesaria para impulsar a la célula hacia una nueva etapa del ciclo la obtiene a través de la fosforilación. Es decir, necesita recibir una "moneda energética" para poder llevar a cabo tan ardua labor. Esta "moneda energética" es proporcionada por otra proteína de la familia de las quinasas conocida como CAK por sus siglas en inglés (Cdk-activating kinase) (Fig. 74).

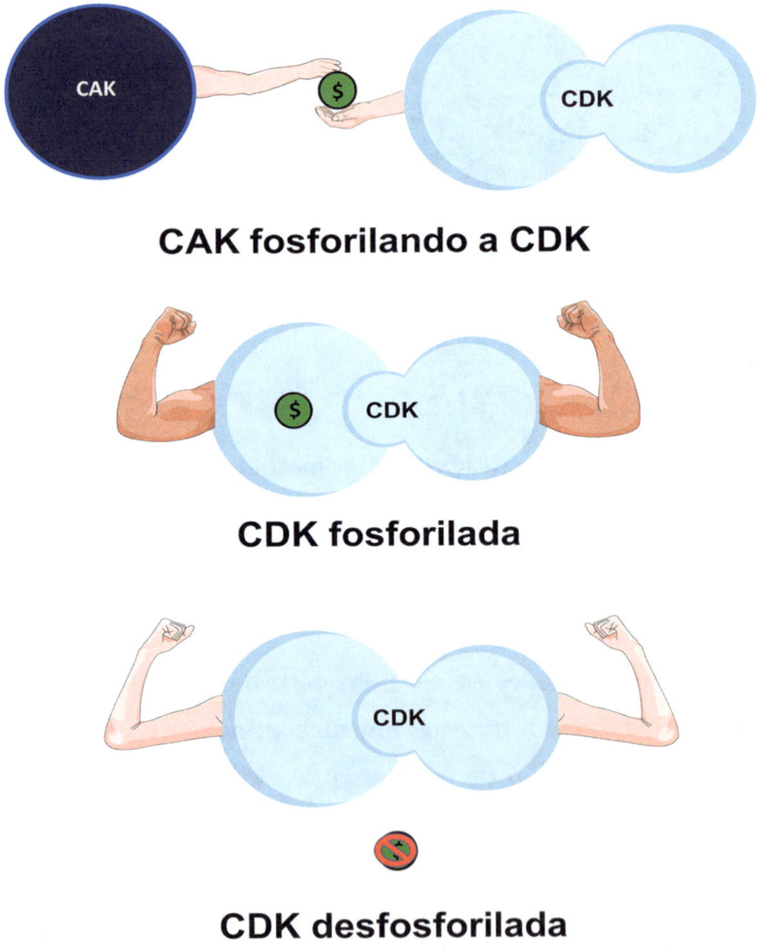

Fig. 74. Mecanismo de fosforilación y desfosforilación de CDK.

Cuando CDK es fosforilada se vuelve alrededor de 300 veces más "potente" y, como es de esperarse, si por algún motivo es desfosforilada, su moneda se pierde y vuelve a su estado 300 veces más débil e incapaz de emitir la señal que induce a la célula a avanzar a una nueva etapa del ciclo celular.

La regulación por fosforilación permite regular la actividad de CDK fortaleciéndola cuando se deba pasar a la siguiente etapa del ciclo y debilitándola cuando deba detenerse el proceso. La desfosforilación de CDK obliga a la célula a permanecer en la fase previa hasta que la CDK se vuelve a fosforilar y recupere la fuerza necesaria para emitir la señal que permita a la célula acceder a la siguiente fase del ciclo.

Estimulación de la síntesis de ciclinas y quinasas a través de los factores de crecimiento. El segundo mecanismo que modifica la actividad de las CDKs es la regulación de la síntesis de ciclinas, de quinasas o ambas.

Para poder iniciar la síntesis de quinasas y ciclinas (CDK) la célula debe recibir unas señales bioquímicas extracelulares llamadas **factores de crecimiento y citocinas** que se unen a su respectivo receptor en la membrana celular e inician una cascada de reacciones que llegarán hasta el núcleo e inducirán la fosforilación de los factores de transcripción **Jun** y **Fos**. Estos dos factores promoverán la síntesis de ciclinas, de quinasas y otro factor de transcripción llamado E2F. Las quinasas y las ciclinas recién sintetizadas obligarán a la célula a entrar en la fase S del ciclo, mientras que el factor E2F estimulará el inicio de la replicación del ADN.

En otras palabras, podríamos decir que los factores de crecimiento y las citocinas son señalizadores que, al unirse a un receptor ubicado en la membrana celular, inician una cascada de reacciones que llegará hasta el núcleo y culminará al unir una "moneda energética" a los factores de transcripción **Jun** y **Fos**. Una vez que han recibido su "moneda energética", **Jun** y **Fos** se "encienden" y se unen a los sitios específicos del ADN que contienen los códigos para sintetizar ciclinas, quinasas y el factor de transcripción E2F. De esta forma, Jun y Fos le indican a la ARN polimerasa el sitio en el que debe colocarse para transcribir el código que posteriormente será enviado a los ribosomas para sintetizar estas proteínas.

Inactivación de CDK por inhibidores de proteínas. La inhibición de CDKs la llevan a cabo dos familias de pequeñas proteínas llamadas CKI e INK4. Estas dos proteínas impiden la actividad de las CDKs alterando la forma del sitio de unión de las ciclinas e impidiendo que se unan a su quinasa y formen una CDK activa (Fig. 75).

Fig. 75. Modificación de la forma del sitio de unión de la ciclina a su CDK, por efecto de CKI.

Los inhibidores de CDK son fundamentales para regular el crecimiento de la célula durante las fases G1 y G0 del ciclo celular. También son cruciales para detener el ciclo celular en respuesta a alteraciones en la síntesis del ADN durante la fase de síntesis S. Si los genes que codifican a estas proteínas inhibitorias sufren mutaciones que alteren su función, la aparición de células cancerosas es inevitable.

A continuación se describirá brevemente a la familia de CDK reguladoras y sus respectivas funciones:

CDK 4 y CDK 6 son quinasas "mellizas" que son activadas por la ciclina D y ejecutan juntas una misma función, por lo que comúnmente son nombradas como CDK 4/6. Una vez activadas comenzarán a fosforilar a sus proteínas blanco, entre las que destaca una proteína llamada pRB (proteína del retinoblastoma), cuya función principal es mantener "recluso" al factor de transcripción E2F (Fig. 76).

Fig. 76. Proteína del retinoblastoma (pRB) desfosforilada manteniendo "recluso" al factor E2F.

Cuando pRB es fosforilada libera al factor E2F que mantenía "recluso", y al ser libre comenzará a estimular la replicación del ADN en la fase S del ciclo (Fig. 77).

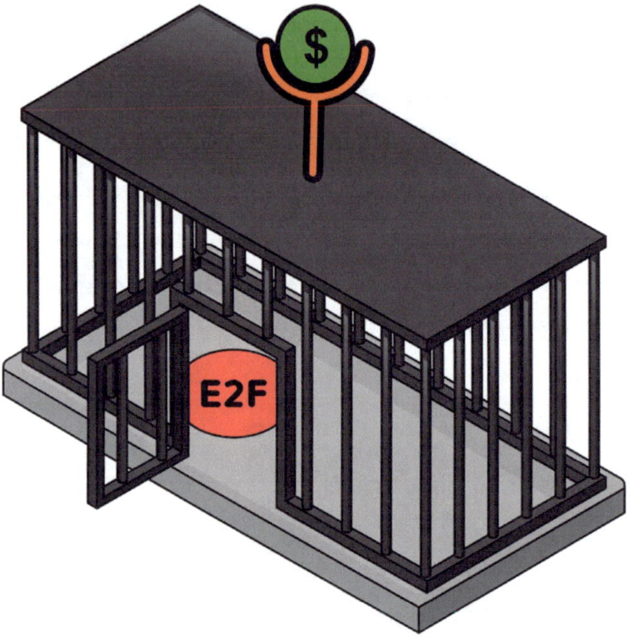

Fig. 77. Proteína del retinoblastoma (pRB) fosforilada liberando al factor E2F.

La liberación de E2F es uno de los mecanismos más importantes en la regulación del ciclo celular, ya que pRB se encarga de "enjaular" al factor E2F para evitar que células con ADN dañado entren a fase de síntesis y repliquen su ADN defectuoso, manteniendo a la célula en fase G1 e impidiendo que avance a fase S. Una vez que se ha corregido el daño del ADN, CDK 4/6 fosforilará a pRB haciendo que libere a E2F y se dé inicio a la replicación del ADN sano.

Otra de las funciones de CDK 4/6 es la de estimular la síntesis de la ciclina que se empleará en el siguiente punto de control, que en este caso se trata de la ciclina E y destruirá a la ciclina que la activó, es decir, la ciclina D.

CDK2 es activada por la ciclina E y la ciclina A. Cuando se activa por la ciclina E forman un complejo llamado FPR (factor promotor de la replicación). Su principal función es la de fosforilar proteínas que garanticen el ingreso a la fase S. Al finalizar esta tarea, CDK2 destruirá a la ciclina que la activó, la ciclina E, y estimulará la síntesis de la ciclina A.

CDK2, que ahora queda libre porque la ciclina E fue destruida, puede ser activada por la ciclina A que acaba de ser sintetizada y se encargará de "vigilar" un correcto transcurso de la fase S para garantizar la entrada a la fase G2. Finalmente, CDK2 destruirá a la ciclina A y estimulará la síntesis de la ciclina necesaria en el paso siguiente, que es la ciclina B.

CDK1 se activa por efecto de la ciclina B y juntas forman FPM (factor promotor de la maduración). Una vez activo, FPM se encarga de romper la envoltura nuclear permitiendo a la célula ingresar a las etapas finales de la fase M.

5.6. Señales que activan y coordinan el ciclo celular

La división celular es un proceso complejo que se activa mediante señales provenientes del espacio extracelular e intracelular. Las señales extracelulares que disparan el inicio de la división celular son los factores de crecimiento. En ausencia de ellos, las células no pueden pasar el punto de restricción, manteniéndose en fase G0 hasta que el factor de crecimiento se una a su receptor ubicado en la membrana celular y desencadene una cascada de señales internas que iniciarán un nuevo ciclo de replicación celular que dura 25 horas (Fig. 78).

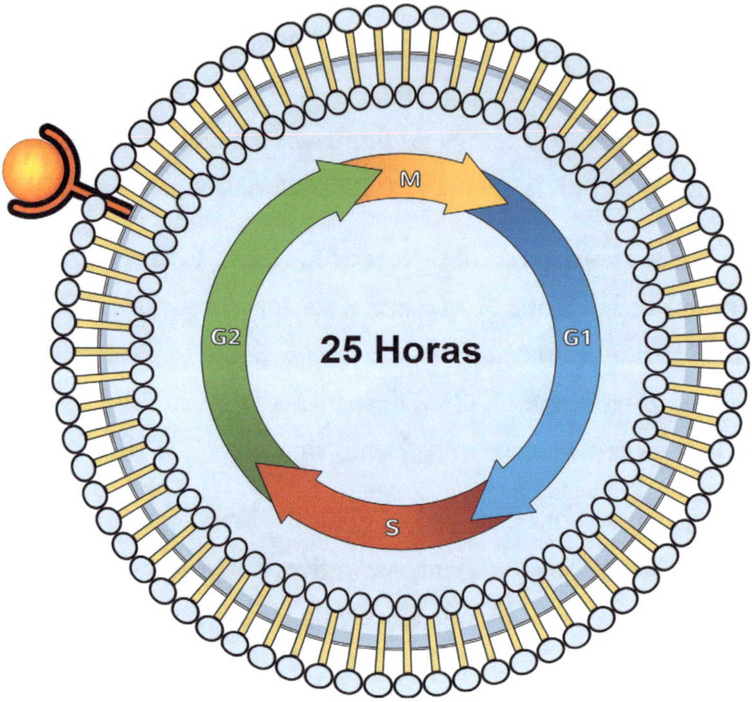

Fig. 78. Unión del factor de crecimiento a su receptor ubicado en la membrana celular, iniciando 25 horas de ciclo celular.

Una vez que el factor de crecimiento ha dado la señal de inicio que le permite a la célula pasar de la fase G0 a la fase G1, se lleva a cabo una activación y degradación de ciclinas que, de forma cronométrica, sigue el siguiente orden progresivo:

1. La señal de inicio estimula la síntesis de la ciclina D, que será producida continuamente mientras haya factor de crecimiento presente (Fig. 79).

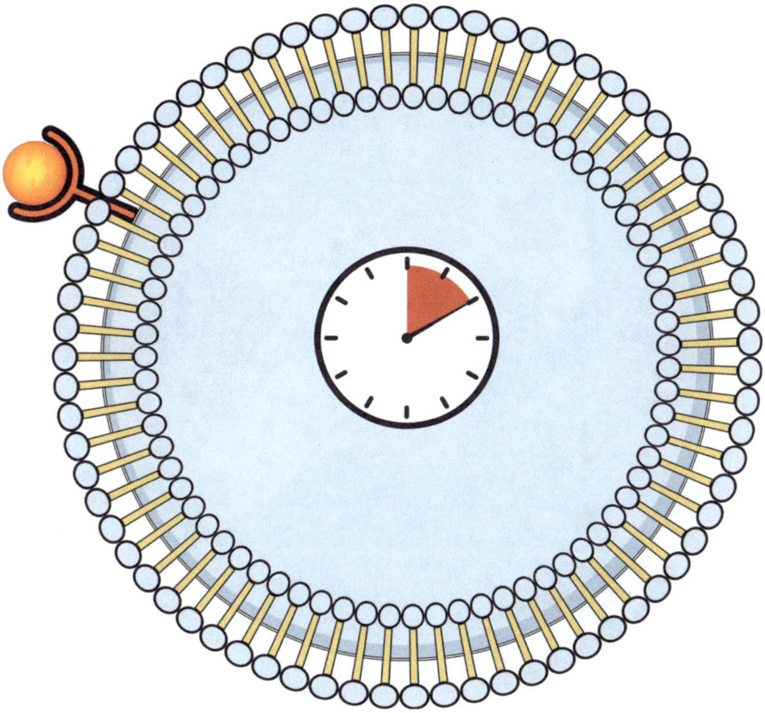

Fig. 79. La unión del factor de crecimiento a su receptor ubicado en la membrana activa el cronómetro del ciclo celular y comienza a sintetizar ciclina D.

2. La ciclina D se une a CDK 4/6 impulsando a la célula a través del punto de restricción de la fase G1 y a medida que transcurre la fase de crecimiento, la proteína pRB es fosforilada y libera el factor E2F que estimulará la transcripción de genes relacionados con la proliferación celular y replicación del ADN. Finalmente, CDK 4/6 estimulará la síntesis de la ciclina E y destruirá a la ciclina D (Fig. 80).

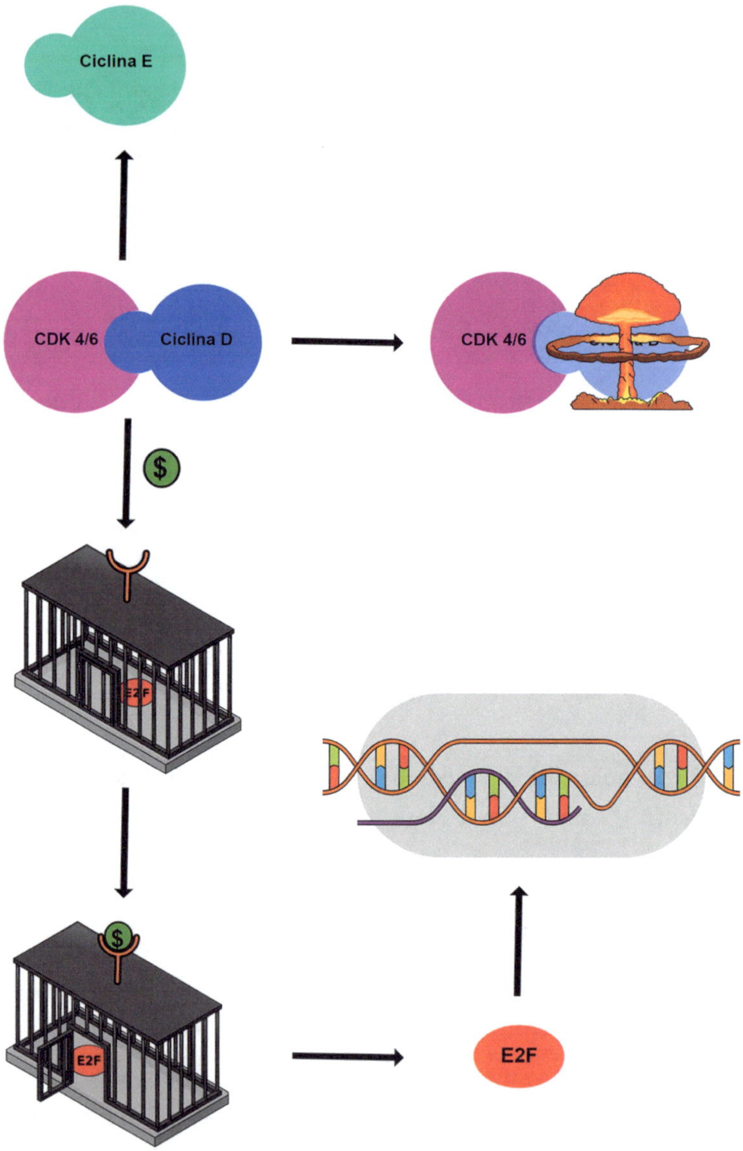

Fig. 80. Complejo ciclina D - CDK 4/6 fosforila a la proteína pRB liberando al factor E2F que estando libre estimulará la transcripción de genes para crear ARN mensajero necesario para sintetizar proteínas involucradas con la progresión del ciclo celular y la replicación del ADN. Finalmente, CDK 4/6 promueve la síntesis de la ciclina E y destruye a la ciclina D.

3. CDK2 se une a la ciclina E formando FPR y permitiendo el ingreso a la fase S. Una vez en la fase S, se promueve la síntesis de la ciclina A, a la vez que se degrada la ciclina E (Fig. 81).

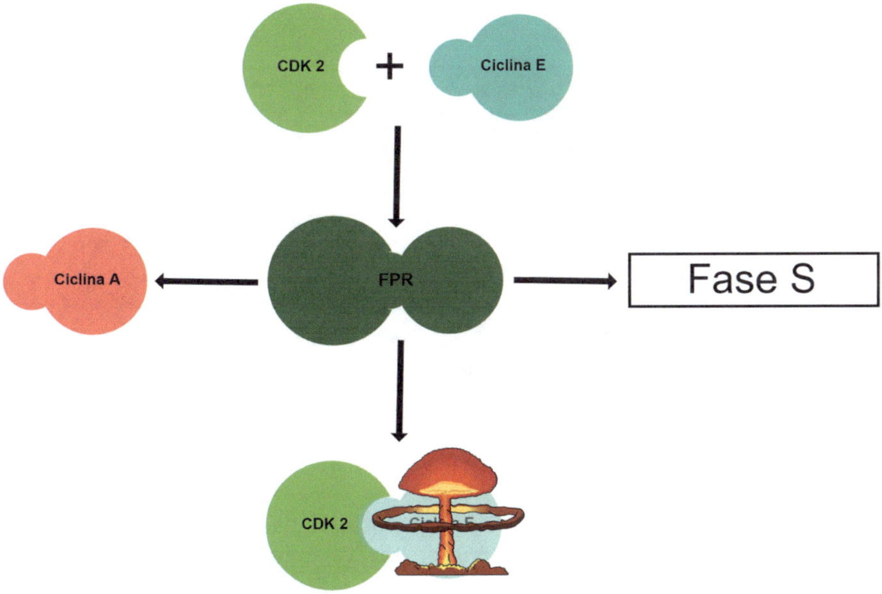

Fig. 81. Formación de FPR y la activación de sus tres funciones: fosforilar proteínas que garanticen el ingreso a la fase S, estimular la síntesis de la ciclina A y degradar a la ciclina que le dio origen.

4. La ciclina A se une a CDK2 que está nuevamente libre e indica a la célula que el ADN se replicó correctamente y puede pasar a la fase G2 mientras se estimula la síntesis de la ciclina B y se degrada la ciclina A (Fig. 82).

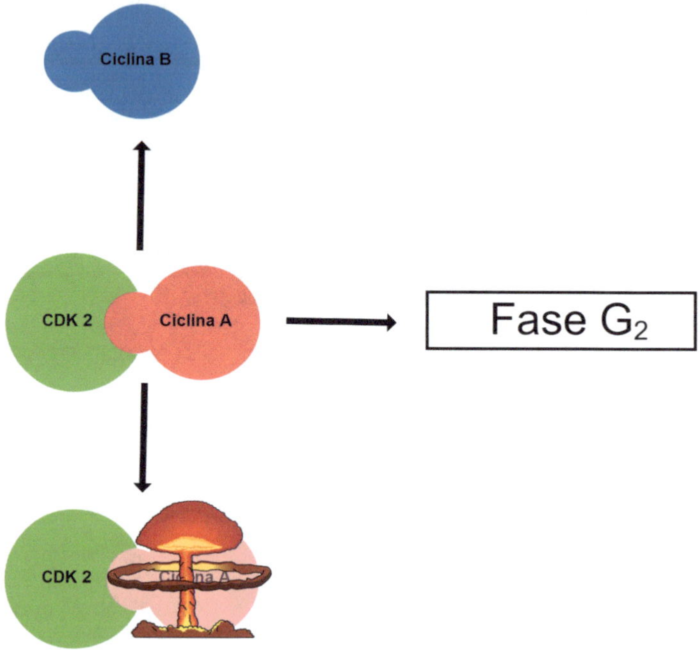

Fig. 82. El complejo ciclina A – CDK2 garantiza el pasaje correcto a través de la fase S y permite pasar a la fase G2. La ciclina siguiente es sintetizada y la ciclina de esta etapa es degradada.

5. La ciclina B se une a CDK1 formando FPM, permitiendo el ingreso a la Fase M, específicamente a la profase (Fig. 83).

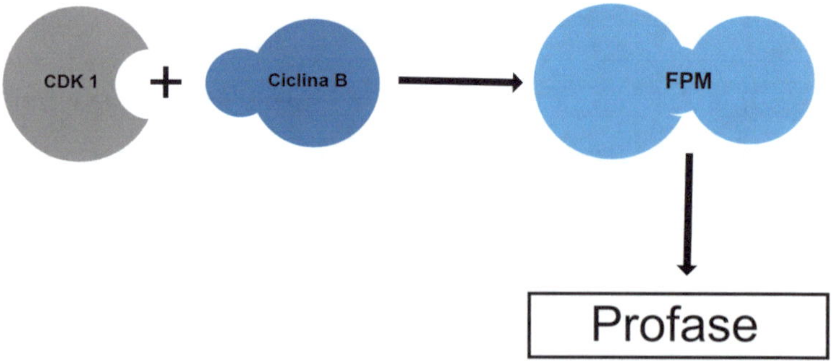

Fig. 83. Formación del FPM a partir de la unión de la ciclina B y la CDK1, iniciando la primera etapa de la mitosis.

6. FPM continuará ejerciendo su función durante la metafase, en donde el punto de control evaluará la correcta alineación de los cromosomas en el ecuador, así como su adecuada "captura" por parte de los microtúbulos del huso mitótico. Al mismo tiempo, FPM promoverá la síntesis de dos proteínas: CPA (inactiva) y Cdc20 (activadora de CPA). La unión de ambas proteínas genera la forma activa de CPA que activará en cascada a un conjunto de proteínas que permiten el ingreso a la anafase (Fig. 84).

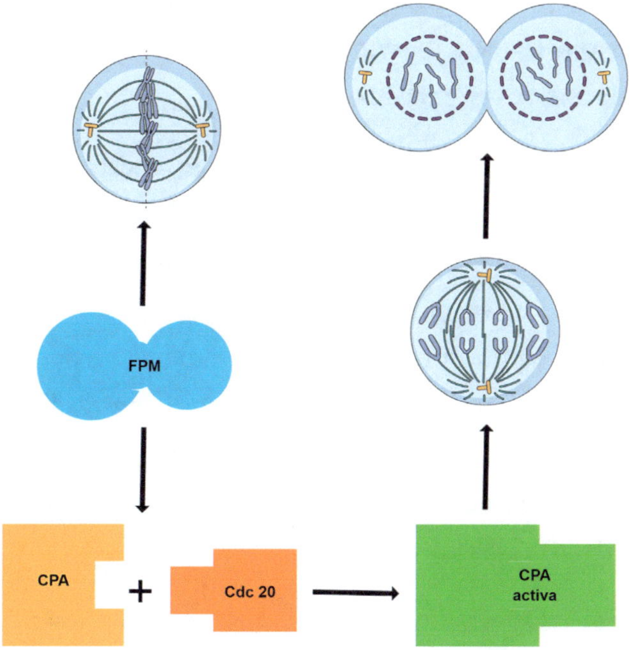

Fig. 84. Penúltima etapa en la que el FPM verifica que la división celular ha transcurrido adecuadamente y estimula la síntesis de la proteína CPA que se activará con la proteína CDC20, autorizando el ingreso a la anafase.

7. Finalmente, llegamos al "punto sin retorno" donde la célula entrará a la telofase formando las dos envolturas nucleares que darán origen a los núcleos de las células hijas y creando el anillo contráctil que dividirá finalmente a la célula progenitora en dos células hijas.

CAPÍTULO 6

Apoptosis: muerte celular programada

La apoptosis es un mecanismo que indica a la célula que debe suicidarse por el bien común. La mayoría de las veces la muerte de las células no sucede por accidente, sino por un mecanismo de muerte celular programado que es meticulosamente regulado para mantener el delicado equilibrio de nuestro organismo.

En condiciones normales, la apoptosis se encarga de equilibrar la proliferación celular manteniendo un número constante de células en los tejidos. Por ejemplo, diariamente son eliminadas aproximadamente 500,000,000 células sanguíneas a través del mecanismo de la apoptosis, manteniendo un equilibrio entre las células producidas por la médula ósea y las que circulan por el torrente sanguíneo. Otra de las funciones de la apoptosis es proporcionar un mecanismo de defensa en el que células dañadas o potencialmente peligrosas puedan ser eliminadas para evitar que causen daños al organismo.

Cuando el ADN de una célula se daña y no es posible repararlo se activa la vía de la apoptosis y la célula se autodestruye inmediatamente. Durante este proceso el ADN se fragmenta, la cromatina se condensa, el núcleo se rompe, la célula se contrae y finalmente explota en fragmentos encerrados en membranas llamados cuerpos apoptóticos. Estos residuos provenientes de la apoptosis tienen unos señalizadores bioquímicos en su superficie que son reconocidos por células "limpiadoras" que los "engullen" y los eliminan rápidamente de los tejidos.

Existe otro tipo de muerte celular llamada necrosis en donde la célula muere por "accidente" a causa de lesiones masivas no programadas. Pero a diferencia de la muerte "limpia" de la apoptosis, en la necrosis la célula muere de forma abrupta y se podría decir que explota liberando su contenido en los tejidos y generando inflamación (Fig. 85). Las causas de la necrosis son diversas, pero las más relevantes son la privación de un adecuado suministro de oxígeno (hipoxia), las reacciones inmunológicas o los agentes físicos, químicos y microbiológicos.

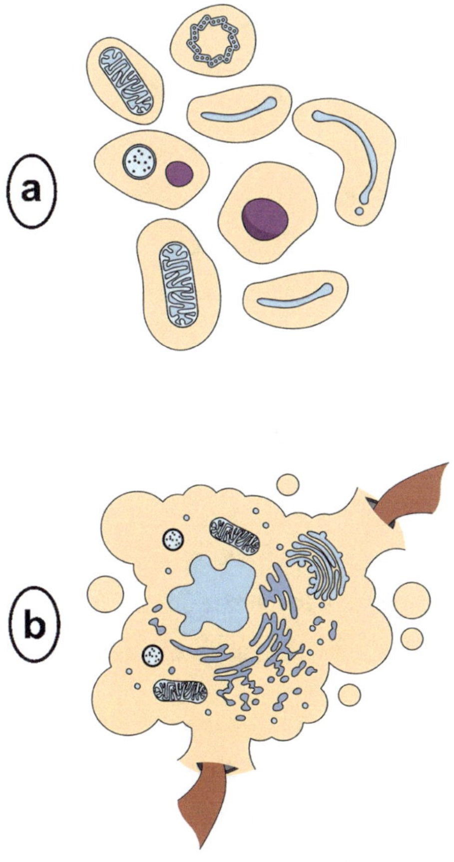

Fig. 85. Tipos de muerte celular: a) Apoptosis y b) Necrosis.

Las vías de señalización que inducen la apoptosis pueden ser internas o externas. La interna se llama vía intrínseca y es activada por factores como daño al ADN, exposición a sustancias químicas nocivas o por una proliferación celular anormal. La externa se conoce como vía extrínseca y es activada por señales provenientes del ambiente extracelular.

Las encargadas de desencadenar la apoptosis son unas proteínas llamadas caspasas. En su forma inactiva se conocen como procaspasas y son inofensivas, pero al activarse inician una cascada de señales intracelulares que "despiertan" a un gran número de proteínas "destructoras". Dos tipos de caspasas trabajan juntas para activar la destrucción celular: las procaspasas iniciadoras y las caspasas verdugo.

En la vía intrínseca, las procaspasas iniciadoras se activan al detectar señales de estrés como daño al ADN. Esto estimula a caspasas verdugo que desencadenarán los mecanismos que "desmantelan" a la célula desde adentro. La señal de muerte no solo es destructiva y amplificadora, sino que también es irreversible: una vez que la cascada de activaciones de caspasas ha iniciado no puede detenerse. Por este motivo es importante que la decisión de morir sea meticulosamente regulada.

Los encargados de regular la cascada de activación de caspasas son los miembros de la familia de proteínas Bcl2. Los miembros de esta familia se dividen en dos categorías: los activadores de la muerte que promueven la activación de caspasas y los promotores de la vida que las inhiben.

Los activadores de la muerte que inician el proceso de apoptosis por la vía intrínseca son Bax y Bak. Estas dos proteínas se activan en respuesta al daño del ADN u otras agresiones y promueven la muerte celular al liberar de la mitocondria una proteína proapoptótica llamada citocromo c, cuya liberación significa el punto de no retorno de la muerte celular.

Por el contrario, los miembros promotores de la vida como el propio Bcl2 y su hermano Bcl-XL inhiben la apoptosis impidiendo que Bax y Bak liberen al citocromo c.

El equilibrio entre las actividades de los miembros promuerte y provida de la familia Bcl2 determina el destino final de la célula.

La señal de muerte intracelular se desencadena de la siguiente manera:

1. La célula recibe una señal de estrés. Por ejemplo, el ADN ha sido irreversiblemente dañado. Entonces se activa el factor de respuesta al daño y guardián del genoma: **p53** (Fig. 86).

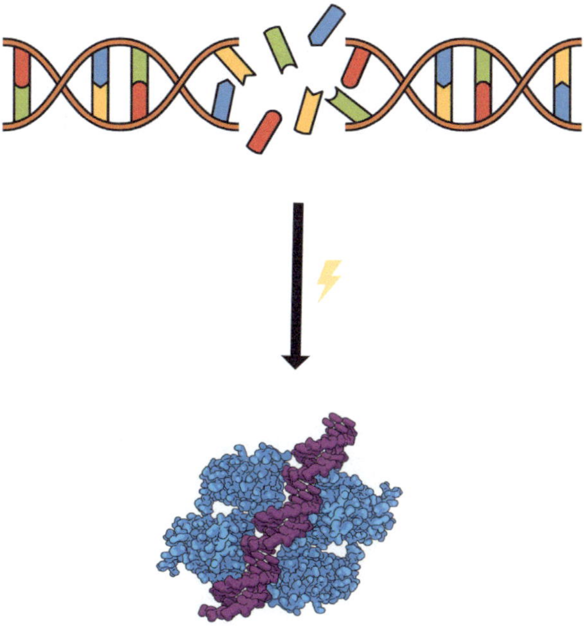

Fig. 86. Señal de estrés emitida por el ADN dañado que activa a p53.

2. La proteína p53 en su forma activa se encarga de estimular la expresión de genes que codifican dos proteínas activadoras de la muerte llamadas PUMA y Noxa (Fig. 87).

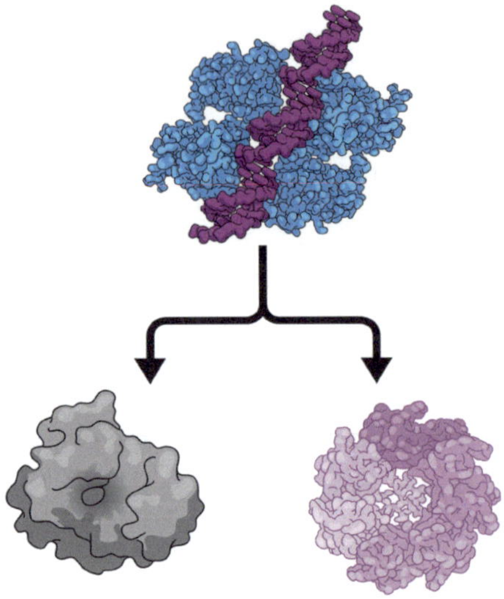

Fig. 87. La proteína p53 ya activada estimula la decodificación de PUMA y Noxa.

3. PUMA y Noxa activan a sus proteínas hermanas Bax y Bak que ya se encuentran en el citoplasma (Fig. 88).

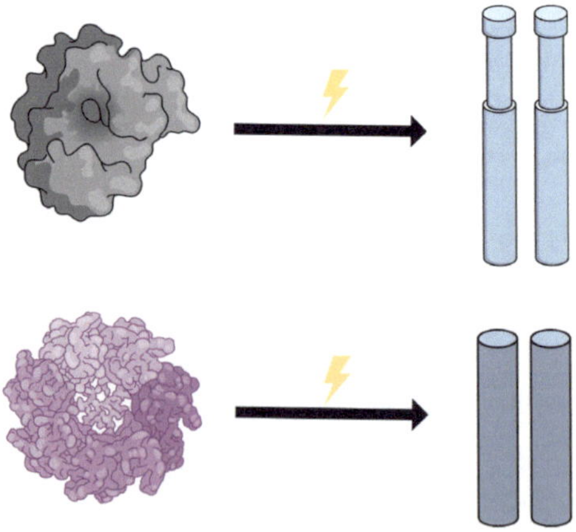

Fig. 88. Puma y Noxa activando a las proteínas Bax y Bak.

4. Bax y Bak en su forma activa se insertan en la membrana de la mitocondria y generan poros formando lo que se conoce como "la

puerta de la muerte". Cuando la puerta se abre, el citocromo c es liberado hacia el citoplasma (Fig. 89).

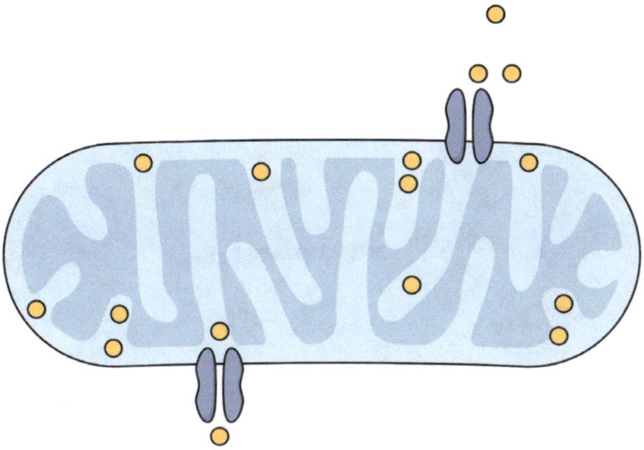

Fig. 89. Bax y Bak activas se anclan en la membrana de la mitocondria formando poros que liberan el citocromo c hacia el citoplasma.

5. El citocromo c (ya en el citoplasma) se une a una proteína llamada APAF-1 que, al ser activadas al mismo tiempo, se unen en grupos de 7 formando un complejo proteico de siete brazos en forma de molino llamado apoptosoma (Fig. 90).

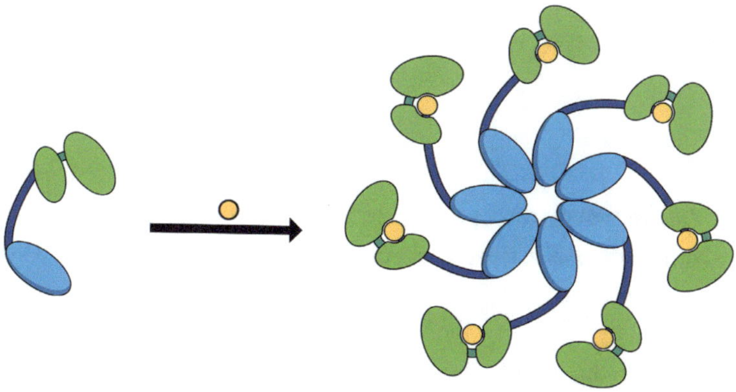

Fig. 90. La proteína APAF-1 al unirse al citocromo c se agrupa en grupos de 7 formando una "rueda" de 7 aspas.

6. El apoptosoma activará a la procaspasa 9, encargada de iniciar una cascada de activación de caspasas efectoras, desencadenando la última fase de la apoptosis que culmina con el desmantelamiento interno de la estructura celular (Fig. 91).

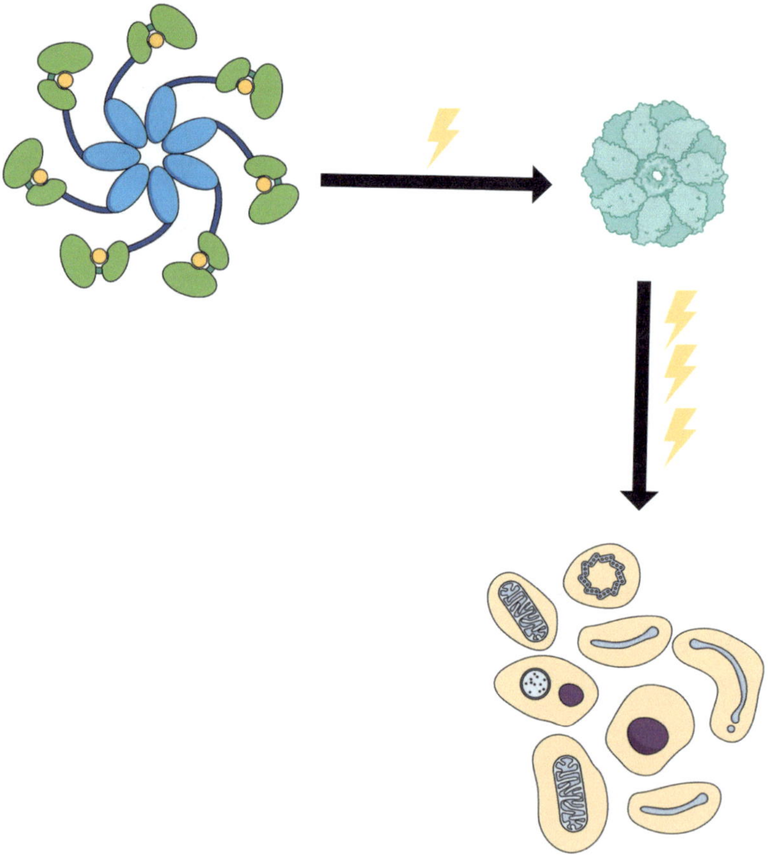

Fig. 91. Activación de la procaspasa iniciadora que desencadenará una activación en cadena de caspasas efectoras que finalmente llevarán a la célula a su muerte.

En ocasiones la señal que activa a las procaspasas iniciadoras no proviene de señales internas sino externas promoviendo la apoptosis a partir de la vía extrínseca.

Las señales que activan la vía extrínseca provienen de una familia de señalizadores bioquímicos llamada factor de necrosis tumoral (FNT), que se unen a unos receptores proteínicos anclados a la membrana celular conocidos como receptores de muerte.

Los receptores de muerte pueden ser activados por proteínas libres en el espacio extracelular, así como por proteínas ancladas en la membrana de algunas células del sistema inmune. La señal de muerte extracelular es generada a través de la siguiente ruta:

1. El receptor de muerte celular es activado por la unión con su ligando proveniente del espacio extracelular o por su estimulación por parte de células del sistema inmune (Fig. 92).

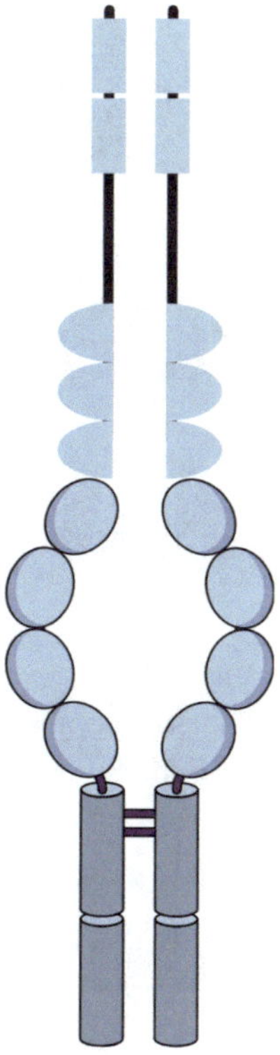

Fig. 92. Receptor de muerte activado por su ligando.

2. La estimulación externa del receptor de muerte activa a la procaspasa 8, que se transformará en caspasa 8 e iniciará la cascada de activación de caspasas efectoras. Si la cantidad de caspasa 8 es suficiente se iniciará automáticamente la muerte celular (Fig. 93).

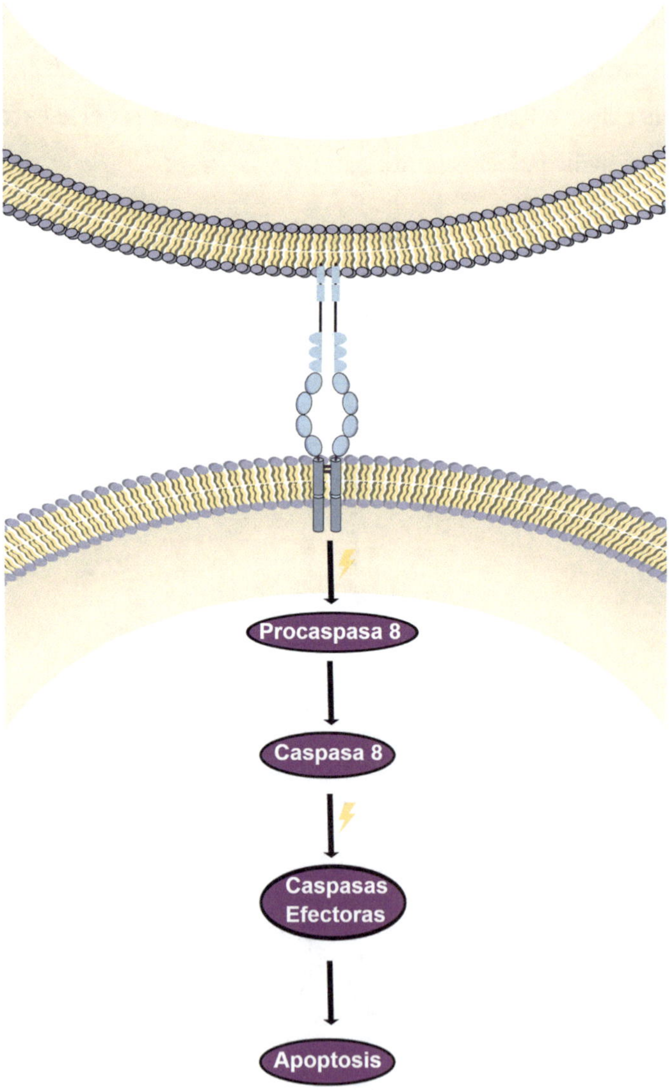

Fig. 93. Mecanismo de activación de la apoptosis por la vía extrínseca clásica.

3. En algunos casos la cantidad de caspasa 8 no es suficiente para activar la apoptosis y resulta necesario activarla por una vía alterna. Si esta situación se presenta, la caspasa 8 activa una proteína "activadora de la muerte" llamada Bid, la cual se insertará en la membrana de la mitocondria formando poros y liberando el citocromo c, activando indirectamente la vía intrínseca de la apoptosis.

CAPÍTULO 7

Organización celular

Las células son la unidad anatómica básica del cuerpo humano y es intuitivo pensar en ellas como bloques que se ensamblan y que después de unir una infinidad de ellas se consigue crear un ser humano. Sin embargo, pensar de esta manera presenta problemas profundos de concepción, ya que las células no son como bloques, sino más bien como globos llenos de agua protegidos por una frágil membrana de menos de una cienmilésima de milímetro de espesor. Debido a esta fragilidad es difícil pensar que puedan formar estructuras tan rígidas como una articulación o un hueso, pero lo hacen, y esto se debe a que los tejidos no se construyen únicamente con células, sino también con una mezcla compleja de sustancias llamada matriz extracelular (Fig. 94).

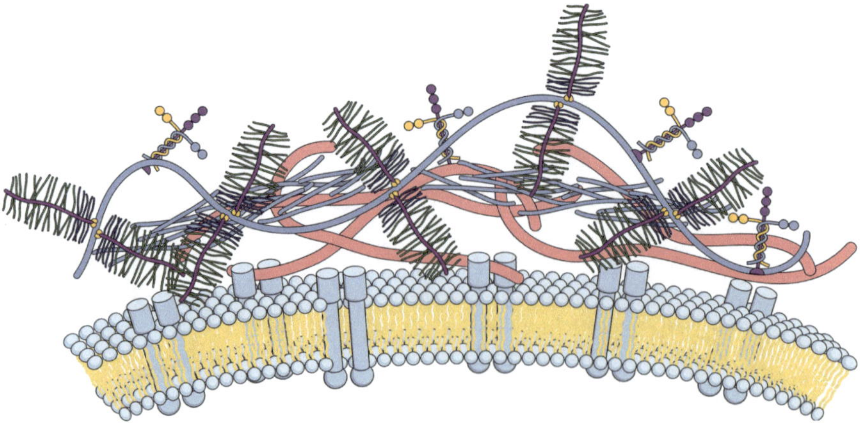

Fig. 94. Membrana celular rodeada de la matriz extracelular.

La matriz extracelular es una red organizada de partículas que rodean y subyacen a las células. Aunque su composición es variada, generalmente consiste en una sustancia amorfa fundamental, fibras de proteína y azúcares. Esta matriz coexiste con los fluidos extracelulares constituidos en su mayoría por agua y iones, cuya función es permitir el intercambio de nutrientes y desechos metabólicos entre las células y el suministro de sangre. La combinación entre matriz y fluidos extracelulares es lo que se conoce como ambiente extracelular (Fig. 95).

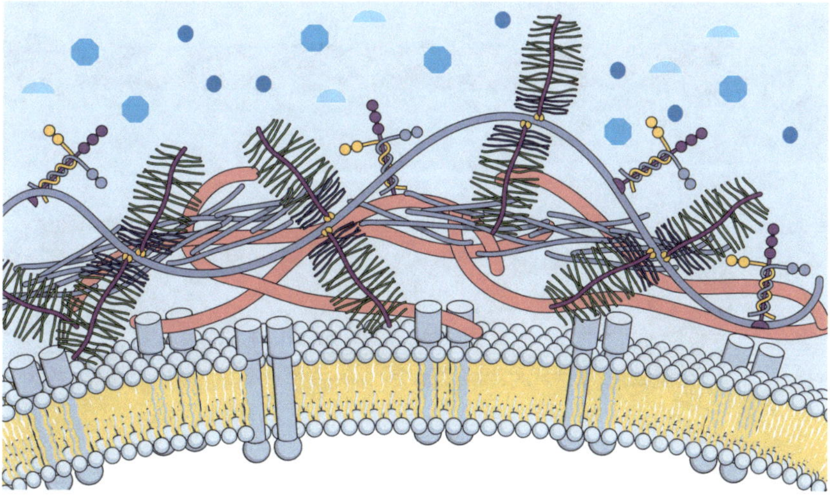

Fig. 95. Ambiente extracelular (matriz y fluidos extracelulares).

Los componentes de la matriz son excretados por las propias células y sirven para regular las actividades metabólicas, ya que son capaces de alterar la forma, migración, división, diferenciación y comunicación celular. Además, la matriz proporciona soporte físico contra fuerzas de compresión y tracción.

La resistencia a la tracción proporcionada por la matriz se desarrolla gracias a una proteína fibrosa llamada colágeno. El rasgo característico del colágeno es su estructura helicoidal larga, rígida y de triple hebra en la que tres cadenas de colágeno se enrollan una alrededor de la otra en forma de una cuerda superenrollada que posteriormente se asocian masivamente para formar lo que se conoce como fibra de colágeno (Fig. 96).

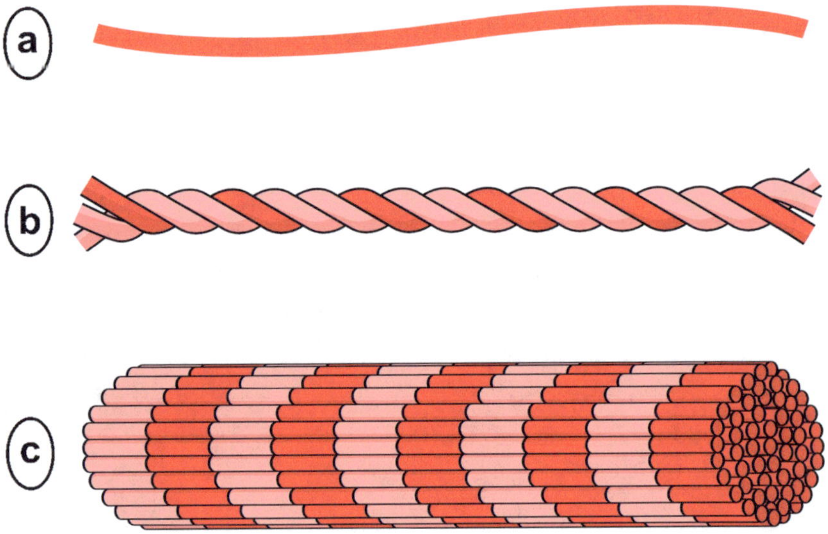

Fig. 96. Niveles de organización del colágeno: a) secuencia de aminoácidos que forma una proteína de una sola hebra, b) asociación de tres hebras individuales en una triple hélice superenrollada, c) asociación de múltiples hélices triples formando una fibra de colágeno.

Para hacer su trabajo, las fibras de colágeno deben estar alineadas acorde a la función que deben realizar. En la piel, por ejemplo, se alinean en capas con diferentes orientaciones para resistir la tensión en múltiples direcciones, mientras que en los tendones se alinean en haces paralelos a lo largo del eje principal de tensión para resistir la fuerza mecánica de tracción originada por el movimiento.

Como las células no se adhieren bien al colágeno desnudo, una proteína presente en la matriz extracelular conocida como fibronectina funciona como un enlace que se une de un lado al colágeno y del otro a la célula formando un puente que mantiene a la célula anclada a la matriz. La unión entre la fibronectina y la célula se hace posible gracias a una proteína receptora llamada integrina. La integrina atraviesa la membrana plasmática de la célula y forma un "gancho" en su cara externa al que la fibronectina se "engancha" para formar el puente (Fig. 97).

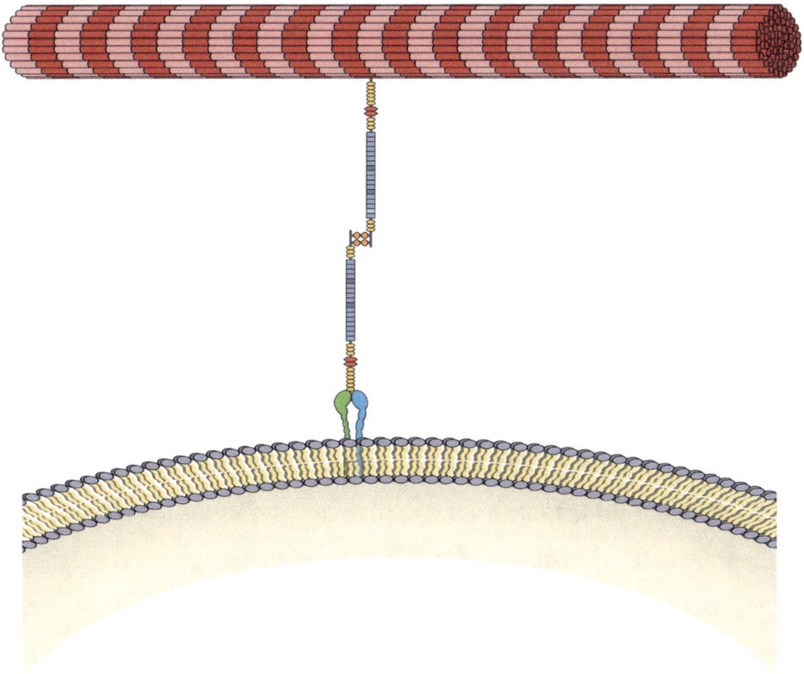

Fig. 97. Unión de la membrana celular al colágeno a través de la fibronectina.

Además de las proteínas descritas anteriormente, la matriz extracelular también está formada por un tipo de azúcares llamados glicosaminoglicanos. Estos azúcares usualmente se encuentran unidos a proteínas formando lo que se conoce como proteoglicanos (Fig. 98).

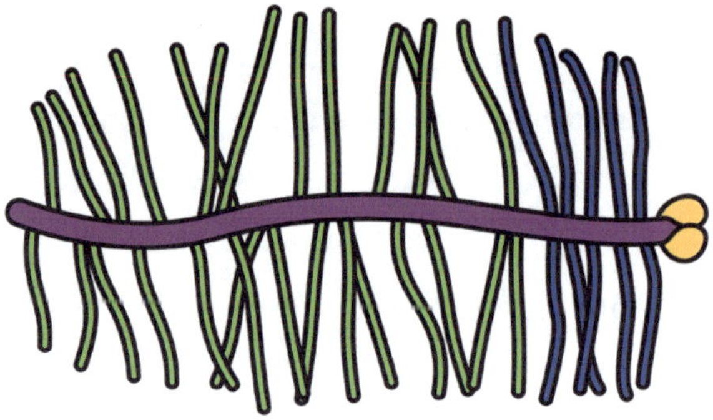

Fig. 98. Estructura de un proteoglicano, formado por glicosaminoglicanos unidos a una proteína central a modo de "cepillo".

Dado que los proteoglicanos absorben grandes cantidades de agua "hinchándose" y ocupando un volumen desproporcionalmente grande en relación con su masa, su principal función es rellenar espacios vacíos en la matriz extracelular. La presión de hinchamiento generada por el inmenso volumen que ocupan los proteoglicanos se equilibra mediante la tensión de las fibras de colágeno que se encuentran entretejidas a ellos. Es decir, los proteoglicanos "hinchados" quedan atrapados entre mallas de colágeno ocasionando un contrapeso entre la presión de hinchamiento del proteoglicano y la tensión de la malla de colágeno generando una matriz dura, elástica y resistente a la compresión. Gracias a este mecanismo, el cartílago de las rodillas es capaz de soportar presiones de cientos de kilogramos por centímetro cuadrado manteniendo a las frágiles células protegidas dentro de una coraza difícil de penetrar.

La función de los proteoglicanos no se limita a rellenar espacios, también actúan como filtros para regular el paso de partículas a través del medio extracelular y facilitan la transmisión de señales provenientes del espacio extracelular. Además son capaces de bloquear, estimular y guiar la migración de las células a través de la matriz.

7.1. Tipos de tejido

Los componentes de la matriz extracelular, los fluidos extracelulares y los más de 200 tipos de células visiblemente diferentes que forman el cuerpo humano se crearon durante la gestación a partir de una célula madre todopoderosa capaz de dar origen a cualquier célula del organismo.

Durante la etapa embrionaria, la célula madre totipotente se divide para formar 3 capas de células germinales multipotentes (capaces de dar origen a diversos tipos celulares, pero no todos) llamadas mesodermo, endodermo y ectodermo. A través de una infinidad de divisiones celulares subsecuentes, las tres capas de células germinales crean más de 200 tipos de células diferenciadas que desempeñan una función especializada dentro del tejido que constituyen.

A pesar de la complejidad del cuerpo humano y a la notable diferencia tanto anatómica como funcional de los órganos que lo componen, todos los órganos de nuestro cuerpo se forman por la unión, asociación y entretejimiento de cuatro tipos principales de tejido: conectivo, epitelial, nervioso y muscular.

7.1.1. Tejido conectivo

Esta clase de tejido constituye la mayoría de los componentes estructurales del cuerpo: la piel, los ligamentos, el cartílago, los huesos, el tejido adiposo y la sangre son tejidos representativos que pertenecen a esta clasificación. Funcionalmente, los tejidos conectivos desempeñan actividades de soporte, defensa, transporte, almacenamiento y reparación, aunque también unen, anclan y sostienen varias células, tejidos y órganos del cuerpo.

El tejido conectivo animal es muy variado, puede ser duro y flexible como los tendones; duro y denso como el hueso; resistente como el cartílago; o suave y transparente como la masa gelatinosa que rellena el interior del ojo.

A diferencia de los otros tres tipos de tejido (epitelial, nervioso y muscular) que consisten principalmente en células, el componente principal del tejido conectivo es la matriz extracelular, mientras que las células que producen y excretan la matriz están distribuidas en su interior.

Las características que diferencian a los distintos tipos de tejidos conectivos se deben en gran medida al tipo y cantidad de colágeno que contienen. Los tipos de colágeno que existen en el cuerpo humano están codificados en nuestro ADN, siendo 20 genes distintos los que codifican las variantes de colágeno que se requieren en los diferentes tejidos.

En los tejidos conectivos "duros" como los tendones y los huesos la proporción de proteoglicanos es pequeña y la matriz está formada casi en su totalidad por colágeno. Los tejidos "blandos" como la sustancia gelatinosa en el interior del ojo consisten casi totalmente en proteoglicanos y agua con solo una pequeña cantidad de colágeno.

Todas las células que constituyen los tejidos conectivos descienden de una célula progenitora que se genera durante el desarrollo embrionario, específicamente en la capa celular mesodérmica del embrión. A través de sucesivos ciclos de división celular se da origen a una amplia gama de células especializadas que son estructural y funcionalmente muy diferentes. Su nombre, forma, estructura y función dependen del tejido conectivo en el que se encuentran inmersas. Por ejemplo, las células que conforman la piel y los tendones se denominan fibroblastos, las del hueso osteocitos y las del tejido adiposo adipocitos (Fig. 99).

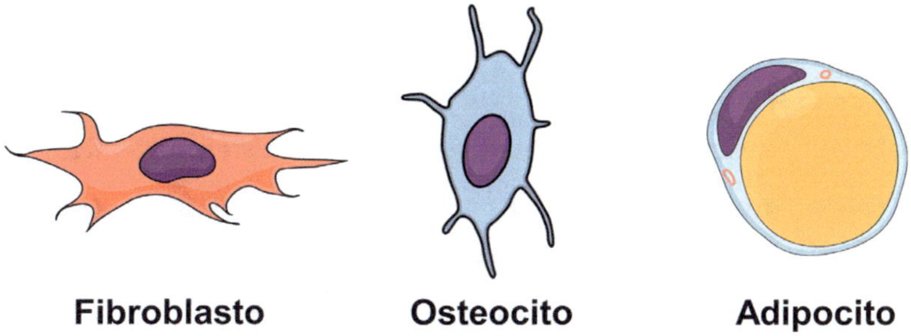

Fig. 99. Células de tejido conectivo.

Los tejidos conectivos que hemos abordado hasta el momento comparten una característica común: consisten en una matriz extracelular abundante de consistencia relativamente sólida y células dispersas en su interior con movilidad limitada que dan un aspecto similar al de "pasas dentro de un pudín". La sangre, por otro lado, es un tipo especial de tejido conectivo en el que las células se encuentran suspendidas en una matriz extracelular líquida llamada plasma sanguíneo. La movilidad ilimitada que les confiere su matriz liquida les permite viajar por todo el cuerpo y ejercer sus funciones de nutrición, oxigenación y defensa en la práctica totalidad de los tejidos.

Las células suspendidas en el plasma reciben el nombre de elementos formes de la sangre y se clasifican en tres grandes grupos: eritrocitos (glóbulos rojos), leucocitos (glóbulos blancos) y plaquetas (Fig. 100).

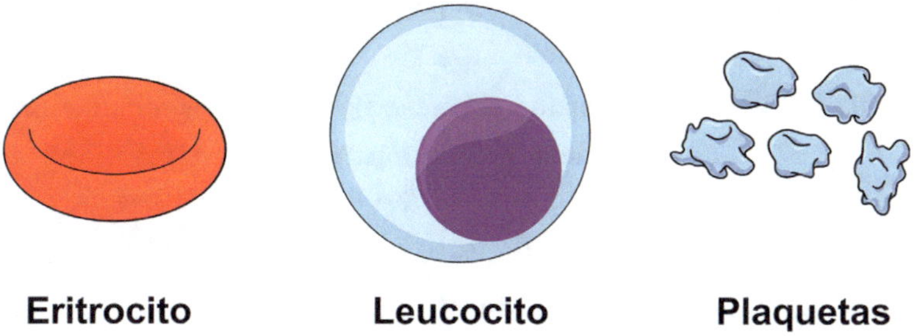

Fig. 100. Elementos formes de la sangre.

7.1.2. Tejido epitelial

Las células del tejido epitelial, también llamado epitelio, se originan en las células progenitoras de las tres capas germinales embrionarias (capas mesodérmica, endodérmica y ectodérmica). Sus funciones principales son recubrir las superficies externas del cuerpo, recubrir las cavidades y conductos internos, así como agruparse para formar parte constitutiva de varios órganos y glándulas.

Su estructura consiste en capas de células muy juntas que mantienen un espacio extracelular mínimo actuando como barreras físicas que impiden el paso de sustancias y microorganismos. A diferencia del tejido conectivo, su matriz extracelular es mínima y se constituye casi en su totalidad por células (Fig. 101).

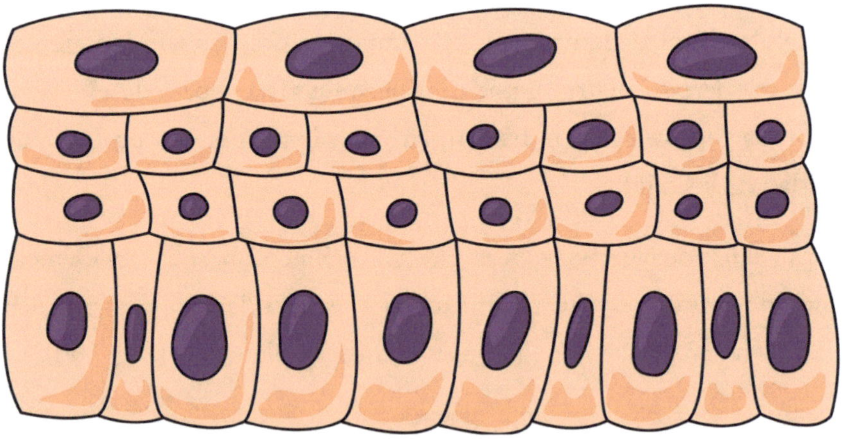

Fig. 101. Tejido epitelial formado por células muy cercanas con un espacio extracelular prácticamente nulo.

La forma de las células epiteliales difiere de un órgano a otro y el nombre que reciben depende de su ubicación y función. Por ejemplo, el epitelio que cubre las superficies externas del cuerpo es diferente al epitelio que recubre los órganos internos o sus conductos. Dependiendo del órgano en el que se encuentre, el tejido epitelial reciben un nombre específico. Por ejemplo, el tejido que recubre el interior de los vasos sanguíneos y linfáticos se llama endotelio, mientras que el epitelio que recubre las cavidades peritoneal (epitelio que cubre la superficie interior del abdomen), pericárdica (epitelio que recubre el corazón) y pleural (epitelio que recubre el exterior de los pulmones y reviste el interior de la cavidad torácica) se llama mesotelio.

Las células epiteliales no se limitan a ser un recubrimiento protector, sino que también forman parte constitutiva de órganos tan importantes como el hígado, ya que las células epiteliales conocidas como hepatocitos (Fig. 102) constituyen entre el 78 – 85% del hígado y son los encargados de ejercer la mayoría de las funciones hepáticas. El resto del hígado es en su mayoría tejido conectivo que se asocia al tejido epitelial dándole sostén al sistema.

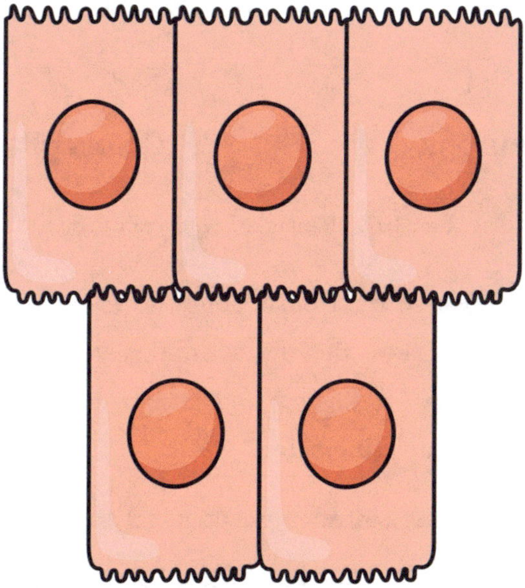

Fig. 102. Tejido epitelial del hígado formado por hepatocitos.

7.1.3. Tejido nervioso

El tejido nervioso deriva de la capa de células embrionarias ectodérmica y es por mucho el sistema más complejo de nuestro cuerpo. Está formado por una red de miles de millones de células nerviosas conocidas como neuronas, que son asistidas por células de apoyo llamadas células gliales (Fig. 103). Cada neurona tiene cientos de interconexiones con otras neuronas y forman un sistema muy complejo encargado de procesar información y generar una respuesta frente a estímulos internos y externos.

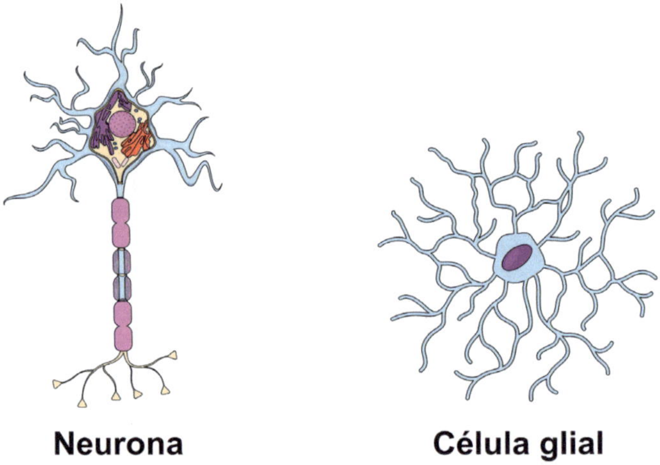

Fig. 103. Células del tejido nervioso.

El tejido nervioso se distribuye por todo el cuerpo en una red de comunicación integral que detecta estímulos y responde a ellos. Los tejidos del sistema nervioso forman en su conjunto el sistema nervioso, el cual tiene dos divisiones principales:

1. El sistema nervioso central, formado por el cerebro y la médula espinal.
2. El sistema nervioso periférico, compuesto por los nervios craneales, espinales y periféricos que conducen impulsos hacia y desde el sistema nervioso central.

Las neuronas responden a estímulos externos al modificar las concentraciones de iones dentro y fuera de su membrana plasmática. Los iones son partículas que tienen la particularidad de estar cargadas eléctricamente, por lo que la modificación en sus concentraciones crea un impulso eléctrico que se propaga por todo el cuerpo transmitiendo las señales a otras neuronas, músculos y glándulas, controlando así nuestro cuerpo entero. Las células gliales, por otro lado, tienen una función de apoyo dando sostén al tejido, alimentando y protegiendo a las neuronas.

7.1.4. Tejido muscular

La habilidad para movernos se la debemos a células que se han especializado en funciones contráctiles. La diversidad de movimientos que nuestros órganos son capaces de ejecutar depende del tipo de tejido muscular que los componen. Podemos identificar tres tipos de tejido muscular en el cuerpo humano: esquelético, cardiaco y liso. Estos tres tejidos están compuestos por células musculares originadas a partir de la capa embrionaria mesodérmica que, a través de un gran número de divisiones celulares subsecuentes, dio origen a un conjunto de células alargadas llamadas fibras. Los tres tipos de tejido muscular presentan conexiones directas con el tejido nervioso a través de neuronas motoras que se encuentran en constante comunicación con el sistema nervioso y son las que proporcionan los impulsos eléctricos que el músculo requiere para ejercer su función.

Las fibras del músculo esquelético son células largas, cilíndricas y con varios núcleos en su interior debido a que se formaron por la fusión de varias células durante el desarrollo embrionario (Fig. 104).

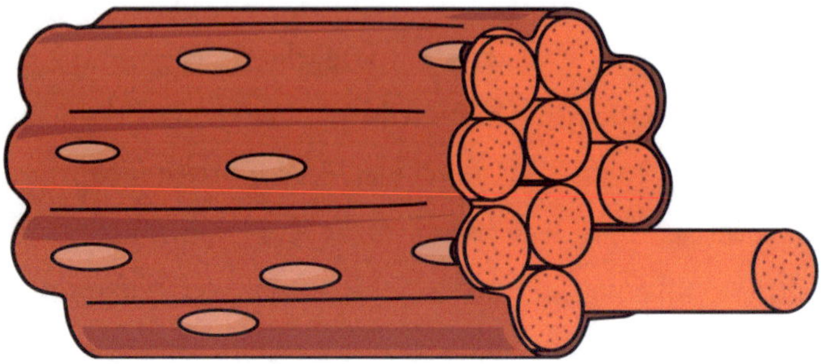

Fig. 104. Célula muscular esquelética.

Dentro del citoplasma, las células musculares esqueléticas contienen una gran cantidad de fibras compuestas por filamentos de proteínas de actina y miosina. La disposición de estos filamentos es muy regular y forma patrones de estrías cruzadas, por lo que este tipo de tejido también se conoce como músculo estriado. Para formar el tejido las células del músculo esquelético se agregan en haces rodeados por tejido conectivo que contiene pequeños vasos sanguíneos que nutren y oxigenan al tejido muscular. Este tipo de tejido es el más abundante en nuestro cuerpo, se inserta en los huesos y es responsable de los movimientos voluntarios.

Las fibras del músculo cardiaco también son células cilíndricas con filamentos de actina y miosina dispuestos en estrías cruzadas, pero dirigidos en patrones irregulares. El tejido muscular cardiaco se forma uniendo las células de un extremo a otro a través de uniones celulares de anclaje, llamadas discos intercalados, que atraviesan las células cardiacas de forma escalonada a intervalos irregulares. Estas células solo tienen uno o dos núcleos, son más cortas que las células del músculo esquelético y presentan ramificaciones (Fig. 105). Las contracciones de este tipo de tejido son involuntarias y se encuentra principalmente en las paredes y tabiques del corazón, así como en las paredes de la aorta y el tronco pulmonar.

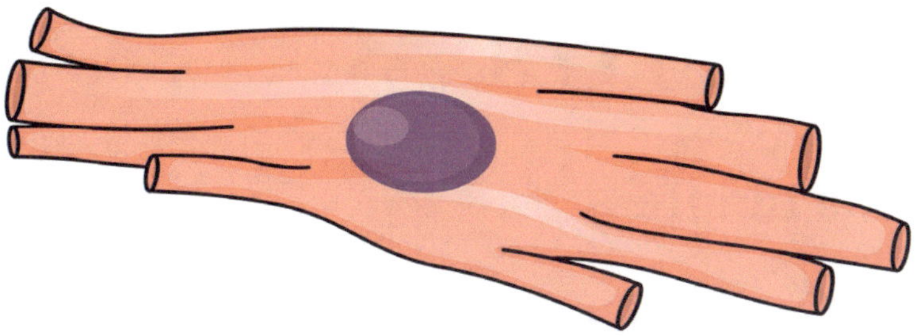

Fig. 105. Célula muscular cardiaca.

El tercer y último tipo de células musculares es el músculo liso. A diferencia de las células del músculo cardiaco y esquelético, está formado por células mucho más cortas, alargadas, afiladas y no estriadas, de las cuales cada una está rodeada por una lámina externa y una red de fibras de colágeno y muestra un solo núcleo ubicado en el centro que adquiere forma de sacacorchos durante la contracción de la célula (Fig. 106). Los filamentos contráctiles de actina y miosina se entrecruzan en el citoplasma de forma oblicua. Como resultado de esta distribución de los elementos contráctiles, las fibras musculares aparecen lisas o no estriadas.

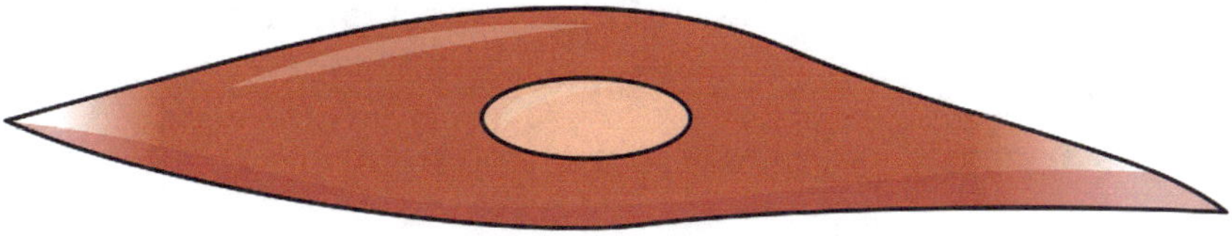

Fig. 106. Célula muscular lisa.

Las células del músculo liso recubren predominantemente los órganos viscerales huecos y los vasos sanguíneos. En los órganos del tracto digestivo, el útero y otros órganos huecos, los músculos lisos se forman en grandes láminas o capas. En los vasos sanguíneos, su disposición sigue un patrón circular donde controlan la presión arterial alterando el diámetro de su espacio interno.

CAPÍTULO 8

Células madre

La regeneración continua de tejidos y órganos es un mecanismo fundamental que permite mantener activas las funciones vitales de un individuo. Sin células nuevas que reemplacen a las que perecen, moriríamos rápidamente. Es por ello que las células viejas o dañadas deben ser reemplazadas continuamente por otras nuevas.

La mayoría de las células diferenciadas pierden la capacidad de dividirse en células hijas, por lo que, en caso de lesión o apoptosis, es necesario contar con células que conserven su capacidad de proliferar para que puedan reemplazar a las células que perecen. Para llevar a cabo esta labor, existen células madre multipotentes que, a diferencia de las células madre totipotentes del tejido embrionario, no son capaces de generar todas las líneas celulares del organismo, pero sí pueden diferenciarse en linajes celulares de algunos tejidos. Estas células madre, también conocidas como células troncales, se encuentran en la práctica totalidad de los tejidos y su función es mantener constante la población celular.

La característica más importante de las células madre adultas radica en su capacidad de autopreservación. Durante la división celular, las células madre adultas generarán dos células hijas, una que sigue siendo una célula madre (autopreservación) y otra que se especializará para sustituir en funciones a las células muertas en el tejido dañado de una forma muy similar a la de un comodín.

La célula hija que perderá sus facultades de célula madre para especializarse se divide primero en lo que se conoce como células de ciclo rápido (que serán sometidas a varias divisiones celulares antes de diferenciarse). Gracias a estas múltiples divisiones previas a la diferenciación, la división de una sola célula madre conduce a la producción de múltiples células hijas diferenciadas (Fig. 107).

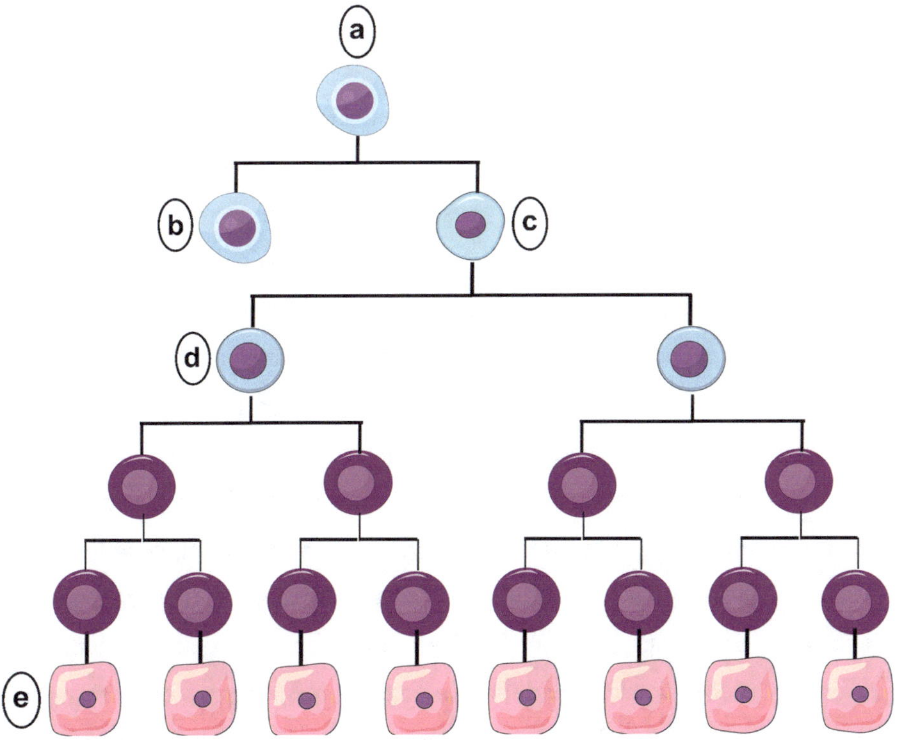

Fig. 107. Linaje de una célula madre multipotente adulta. a) Célula madre adulta, b) Célula madre adulta autopreservada, c) Célula hija prediferenciada, d) Primer ciclo de división celular de células hijas prediferenciadas y e) Células hijas diferenciadas (forma final).

La capacidad de las células madre para autopreservarse produciendo nuevas células madre, así como múltiples células hijas diferenciadas, les permite servir como una fuente "inagotable" de nuevas células a lo largo de la vida de un individuo. El papel de las células madre es particularmente evidente en tejidos como el sanguíneo, el epitelio de la piel y del intestino, ya que su vida útil es corta y deben ser reemplazadas constantemente.

Las células madre que dan origen a los elementos formes de la sangre (eritrocitos, leucocitos y plaquetas), conocidas como células madre hematopoyéticas, son un buen ejemplo del papel que juegan las células troncales en el mantenimiento de las poblaciones celulares de los tejidos. Estas células inician su proceso de división y diferenciación en la médula ósea a través de un proceso llamado hematopoyesis. Los tipos de células que se generan durante este proceso son muy variados y cada una de ellas desempeña funciones especializadas muy distintas a pesar de descender de la misma célula madre: los eritrocitos (glóbulos rojos) transportan oxígeno de los pulmones a los tejidos para que las células puedan respirar, a la vez que recolectan el dióxido de carbono que las células excretan como deshecho y lo llevan de vuelta a los pulmones para ser exhalado; los granulocitos y macrófagos son un tipo de leucocito (glóbulo blanco) encargados de "devorar" a los microorganismos invasores e iniciar la respuesta inmune; los linfocitos son otra clase de leucocito (glóbulo blanco) que desencadenan los pasos subsecuentes de la respuesta inmune y que producen los anticuerpos que nos defienden de invasores; las plaquetas en realidad no son células sino fragmentos de una célula llamada megacariocito, el cual, antes de salir de la medula ósea, es "reventado" y genera miles de fragmentos llamados plaquetas, cuya su función es ayudar en la generación de coágulos durante el proceso de cicatrización.

La esperanza de vida de estas células es limitada y abarca desde horas hasta unos pocos meses. Más de 100 mil millones de células sanguíneas se pierden cada día en los seres humanos y deben producirse continuamente a partir de células madre hematopoyéticas en la médula ósea. Los descendientes de las células madre hematopoyéticas se someten a varias rondas de división a medida que se dirigen hacia una ruta de diferenciación en específico. La ruta por seguir depende de la indicación que reciban de los señalizadores bioquímicos. Por ejemplo, si el organismo requiere glóbulos rojos emitirá una señal bioquímica "R" que le indicará a la célula madre que debe transformarse en glóbulos rojos; por el contrario, si lo que requiere son más glóbulos blancos emitirá una señal "B" que la célula madre interpretará e iniciará su proceso de diferenciación en glóbulos blancos.

Una vez que se diferencian por completo, las células sanguíneas dejan de dividirse y el mantenimiento de poblaciones de células sanguíneas diferenciadas depende de la división continua de las células madre hematopoyéticas.

Además del tejido sanguíneo, el tejido epitelial también está sometido a una renovación constante a partir de células madre epiteliales. El intestino, por ejemplo, está revestido por una sola capa de células epiteliales responsables de la digestión de los alimentos y la absorción de nutrientes. Debido al ambiente tan hostil en el que se encuentran localizadas, las células epiteliales del intestino tienen una vida útil de un par de días. Cuando estas células mueren, las células madre epiteliales que se encuentran insertas en el tejido reciben una señal bioquímica que les indica que deben iniciar rondas de replicación para reemplazar a las células que se han perdido.

Algunos tejidos, como el músculo esquelético, son estables y no requieren una renovación celular continua, sin embargo, es capaz de regenerarse rápidamente en respuesta a una lesión o al ejercicio. Esta regeneración se consigue gracias a células satélite, las cuales son las células madre del músculo adulto. Estas células normalmente se encuentran "dormidas", estacionadas en fase G0 del ciclo celular, pero se activan para dividirse en respuesta a una lesión o al ejercicio. Una vez activadas, las células satélite se someten a varias divisiones y luego se diferencian y fusionan para formar nuevas fibras musculares. Como mencionamos anteriormente, la capacidad del músculo para regenerarse indefinidamente se debe a la capacidad de autopreservación que poseen todas las células madre.

También se han encontrado células madre en muchos otros tejidos adultos, incluidos el cerebro y el corazón, y es posible que la mayoría de los tejidos, si no es que todos, contenga células madre con la capacidad de reemplazar las células que se pierden durante toda nuestra vida.

CAPÍTULO 9

¿Qué es el cáncer?

Ahora que hemos creado el marco conceptual suficiente para comprender a profundidad esta enfermedad, podemos adentrarnos a describir detalladamente su origen y la estrecha relación que guardan las mutaciones en el genoma con la aparición de células cancerígenas.

Existe un amplio consenso en la comunidad científica de que el cáncer es una enfermedad genética en la que se suprimen los mecanismos de control del ciclo celular, ocasionando que las células crezcan y se dividan descontroladamente. Posteriormente, comienzan a diseminarse por todo el cuerpo alterando la función de tejidos y órganos normales.

Cuando hablamos de cáncer, no podemos referirnos a una sola enfermedad ni a una causa común, sino a un conjunto de enfermedades caracterizadas por el desarrollo de células anormales que se dividen incontrolablemente y que poseen la habilidad de infiltrarse y destruir el tejido sano.

Debemos tener en mente que el cuerpo humano trabaja como una sociedad en la que las células, como individuos independientes, trabajan juntas para conseguir un objetivo común: mantenerse con vida. Para alcanzar este objetivo, las células con características y habilidades similares se agrupan en comunas (tejidos), que interactúan con el resto de comunas para intercambiar bienes y servicios. La comuna de la sangre, por ejemplo, proporciona el servicio de defensa y distribución de nutrientes, la del hígado se encarga de dar servicios de desintoxicación, la del estómago e intestino la producción de alimento, etc. A todas ellas las rige una ley natural de responsabilidad social y autosacrificio proliferando, diferenciándose y muriendo de ser necesario por el bienestar social.

Sin embargo, en las células cancerígenas las leyes solidarias se han roto y han adquirido una actitud egoísta y destructiva desobedeciendo las leyes, multiplicándose descontroladamente y viajando a todos los tejidos del cuerpo para adueñarse de sus nutrientes, destruyendo todo a su paso. Su comportamiento comparte muchas de las características de los microorganismos invasores, todos ellos consumen los recursos ajenos y destruyen a la población local para cumplir un único propósito: autorreplicarse.

Como vimos en capítulos anteriores, las instrucciones que la célula necesita para desempeñar sus funciones son dictadas por el núcleo, específicamente por los códigos escritos en su ADN. Estas señales le indican lo que puede y no puede atravesar su membrana, qué comer y qué no comer, en qué momento respirar, cuándo debe replicarse, cuándo y cómo debe morir, etc. Todas esas órdenes están escritas en mensajes codificados que conocemos como genes y que al ser traducidos producen una proteína efectora que trasmitirá o directamente ejecutará la orden. Siguiendo esta analogía, es claro que el problema radica en la orden que recibe la célula, no es que la célula se haya vuelto malvada y destructiva, sino que el mensaje que le indica cómo debe actuar ha sido alterado y ella, al estar programada para seguir las órdenes del núcleo, no tiene más opción que obedecer.

Cuando el mensaje escrito en el ADN ha sido modificado, se dice que ha surgido una mutación. Cuando esta mutación sucede en mensajes que codifican proteínas que regulan directa o indirectamente la replicación celular, es muy probable que estemos frente al surgimiento de una peligrosa primera célula cancerígena.

De acuerdo con la teoría de la mutación somática, para que el cáncer se genere deben darse las siguientes condiciones:

- Células sanas deben sufrir daño a su ADN (mutación).
- Si el daño generado excede los niveles de reparación que la célula es capaz de ejecutar, entonces genes aleatorios sufrirán mutaciones.
- La mutación aleatoria debe suceder en genes que controlen el ciclo celular. Esto significa el primer paso para transformar a la célula sana en una célula cancerígena.
- Otras mutaciones genéticas se acumulan a lo largo del tiempo y cuando un conjunto de mutaciones específicas se reúne en la misma célula, la transformación en célula cancerígena estará completa.

Estas mutaciones aleatorias le proporcionan a la célula cancerígena habilidades extraordinarias como la capacidad de dividirse sin restricciones y volverse inmortal (sí, las células cancerígenas son inmortales).

Esta habilidad para dividirse sin restricciones se debe a que las células cancerígenas han conseguido burlar tres mecanismos de control del ciclo celular: señalizadores bioquímicos, inhibición por contacto e inducción de la apoptosis.

Señalizadores bioquímicos. Las células necesitan recibir una "señal activadora" proveniente del medio extracelular que las autoriza a entrar en un ciclo de división. Por desgracia, las células cancerígenas han desarrollado la habilidad de autoestimularse y activar la división celular por sí mismas a través de un mecanismo llamado estimulación autocrina. Esto vuelve innecesaria a la "señal activadora" externa (Fig. 108).

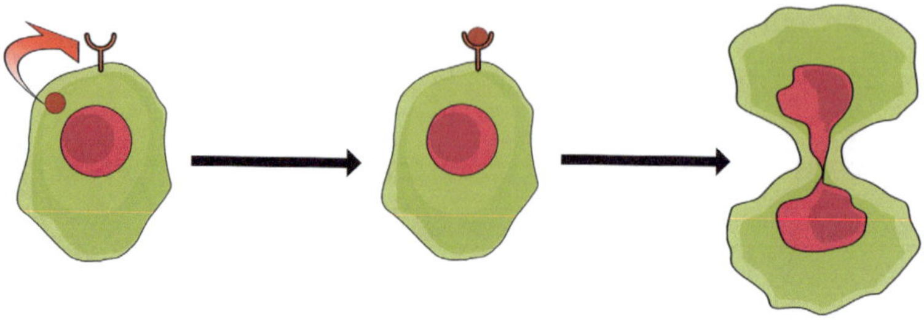

Fig. 108. Estimulación autocrina de la división celular.

Inhibición por contacto. A través de este mecanismo, las células sanas dejan de dividirse cuando entran en contacto físico con otras células, sin embargo, las células cancerígenas lo evaden trepando unas sobre otras para formar montones de muchas células llamados focos transformados (Fig. 109).

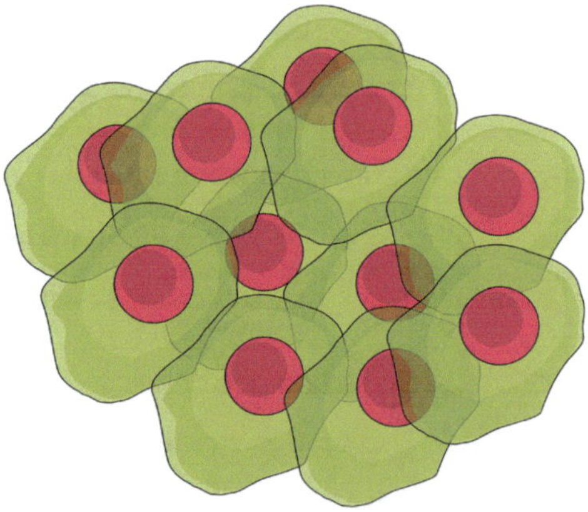

Fig. 109. Formación de focos transformados por la evasión de la inhibición de la replicación por contacto.

Inducción de la apoptosis. Probablemente el mecanismo más importante de todos. Este proceso induce al "suicidio" a la célula sana cuando se detecta daño irreparable en su ADN. Sin embargo, las células cancerosas no se "suicidan" al detectar daño a su material genético, al contrario, continúan replicando el ADN dañado, aumentando el número de mensajes alterados e incrementando con ello su potencial peligro para el organismo (Fig. 110).

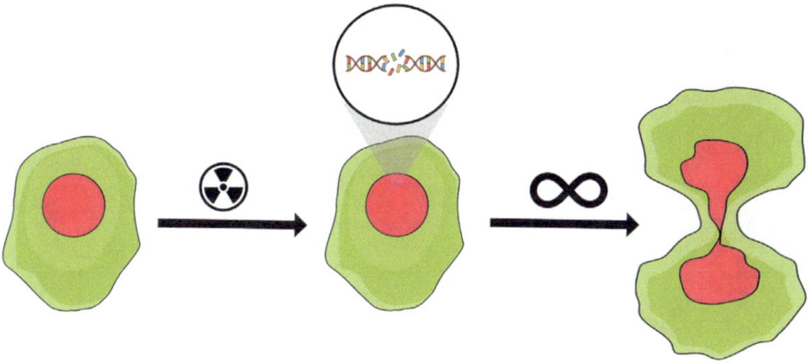

Fig. 110. Célula con ADN dañado que evade los mecanismos de control y continúa replicándose indefinidamente.

El otro "superpoder" que las células cancerígenas obtienen a través de las mutaciones es la inmortalidad. La inmortalidad se consigue gracias a una enzima llamada telomerasa.

Para proteger al material genético de daños, los cromosomas tienen en sus extremos la siguiente secuencia repetitiva de bases de ADN: **TTAGGGTTAGGGTTAGGG** (Fig. 111). Esta secuencia no lleva ningún mensaje escrito ni codifica ninguna proteína, su única función es proteger al genoma, algo así como un colchón amortiguador. Estos "colchones protectores" se llaman telómeros. Cada vez que una célula se divide, se pierde un pequeño número de bases de ADN y los telómeros se acortan. Con el transcurso del tiempo, el colchón se acaba, los cromosomas se dañan y las células mueren. La enzima telomerasa es capaz de regenerar los telómeros, regenerando infinitamente el colchón y evitando que la célula envejezca y muera. Esta enzima solo se expresa en células de la línea germinal (espermatozoides y óvulos), en células fetales y algunas células madre poco diferenciadas. Sin embargo, las células cancerígenas han conseguido expresarla burlando a la muerte e inmortalizándose.

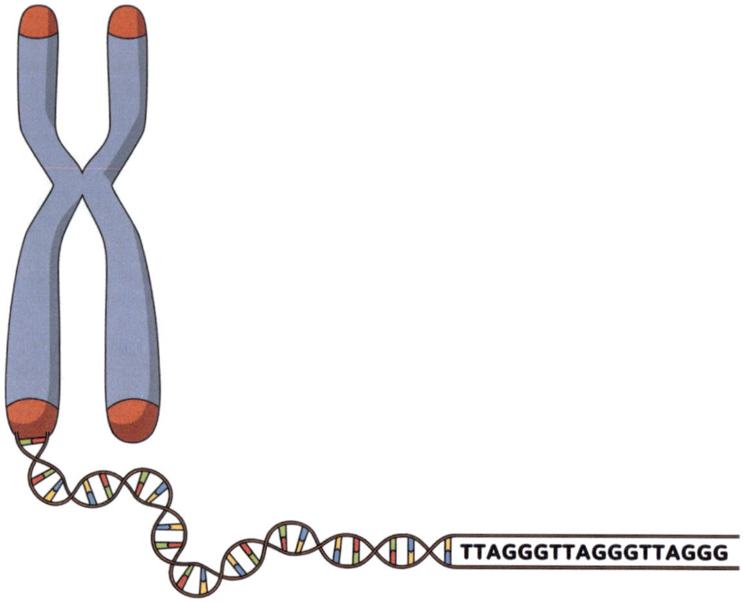

Fig. 111. Imagen que representa la secuencia repetitiva no codificante de bases TTAGGG que constituyen los telómeros (rojo).

Todas las células cancerosas comparten dos características fundamentales:

1. Crecimiento y división celular anormal.

2. Defectos en las restricciones que impiden que las células se propaguen y colonicen otras partes del cuerpo.

Esta combinación de proliferación descontrolada y diseminación a otros tejidos alterando el funcionamiento normal de los órganos a los que invade, es lo que hace del cáncer una enfermedad tan peligrosa.

CAPÍTULO 10

Orígenes genéticos del cáncer

La completa decodificación del genoma humano marcó un antes y un después en el estudio de las ciencias biomédicas. El conocimiento de la secuencia y organización de los genes, que a modo de receta construyen un ser humano, permite ahora el análisis sistemático de las alteraciones genéticas que subyacen al origen y evolución del cáncer.

Tomando en cuenta que el cáncer es generado por la división descontrolada de células mutantes, resulta claro que en estas células existen alteraciones en la regulación del ciclo celular. Esta situación obliga a las células cancerígenas a replicarse sin control. Normalmente, el ciclo celular es meticulosamente regulado, de modo que la célula únicamente se replique cuando sean necesarias células nuevas, cuando todos los "ingredientes" necesarios para llevar a cabo la división estén presentes y cuando el ADN se haya replicado sin errores. Sin embargo, en ocasiones surgen errores en uno o más de los supervisores que regulan el ciclo celular, haciendo que las células se dividan en momentos o velocidades inapropiadas generando cáncer.

Tal y como se discutió en el capítulo 5, el ciclo celular es un mecanismo que consta de una serie de etapas progresivas que culminarán con la creación de dos células hijas idénticas a su progenitora. Las células que se están dividiendo pasan por las fases G1, S y G2 de la interfase y luego pasan directamente a la fase M, en la que tiene lugar la división celular. La progresión de una etapa del ciclo a otra se activa a través de señales internas y externas y está regulada en momentos clave del ciclo: los puntos de control.

Los puntos de control se encargan de asegurarse que la célula no avance a fases siguientes del ciclo a menos que las fases previas hayan concluido adecuadamente. Es justamente aquí donde radica el origen de la mayoría de los cánceres, porque si las mutaciones se generan en los genes que codifican a las proteínas encargadas de supervisar los puntos de control, entonces obtendremos como resultado proteínas mutantes que nacieron "ciegas" y son incapaces de supervisar el ciclo porque "no pueden ver".

Los defectos en la maquinaria reguladora del ciclo celular se presentan en la mayoría de los cánceres. Por ejemplo, la mutación en el gen que codifica la proteína pRB (proteína del retinoblastoma) se encontró por primera vez en el cáncer de retina (retinoblastoma), pero en estudios posteriores se encontró que este gen también se encuentra mutado en cáncer de pulmón, próstata y mama. La pRB se encarga de mantener a la célula en la fase G1 hasta asegurarse que el ADN no se ha dañado, pero si esta proteína "nació ciega" entonces será incapaz de "observar" que el ADN está dañado y, en consecuencia, la célula replicará el ADN mutante comenzando un ciclo de replicación descontrolada de células anormales.

Generalmente todas las células cancerosas presentan alteraciones en sus cromosomas, daño en el ADN u otras anomalías celulares que normalmente estimularían la apoptosis y evitarían su proliferación. Sin embargo, las células cancerígenas evaden el mecanismo natural del suicidio porque tienen mutaciones en genes que regulan la apoptosis y, en consecuencia, no son capaces de activar su muerte celular programada. Por ejemplo, la capacidad de una célula para iniciar la apoptosis en respuesta al daño del ADN depende de la proteína p53, pero debido a mutaciones en el gen que la codifica p53 se encuentra inactiva en una gran cantidad de cánceres humanos.

10.1. Protooncogenes y genes supresores de tumores

El conjunto de genes cuya mutación transforma células sanas en células cancerígenas puede ser dividido en dos grandes categorías: protooncogenes y genes supresores de tumores. Los protooncogenes son genes que codifican proteínas encargadas de promover el crecimiento y la división celular, mientras que los genes supresores de tumores codifican proteínas cuya función es detener en seco la progresión del ciclo celular en respuesta a señales internas (como ADN dañado) o externas (señalizadores bioquímicos).

Una analogía clásica que permite comprender la diferencia entre estas dos categorías es comparar a los protooncogenes con el acelerador de un auto y a los genes supresores de tumores con el freno. Si la división celular fuera un auto que acelera para alcanzar la meta de dividirse en dos, los protooncogenes se encargarían de presionar el acelerador para avanzar hacia la meta, mientras que los genes supresores de tumores pisarían el freno al llegar a ella. Este sería el mecanismo de división normal en un "auto sano", sin embargo, en un "auto con cáncer", los genes que regulan la aceleración y el freno se han visto dañados, obligando al auto a acelerar infinitamente sin posibilidad de frenar, pasando por la meta innumerables veces y replicándose sin control.

Dado que la división celular se ve afectada tanto por la aceleración como por el freno, el cáncer puede surgir a causa de mutaciones en los aceleradores (protooncogenes), frenos (genes supresores de tumores) o ambos. El mecanismo de la proliferación celular es muy delicado y requiere de un gran número de reguladores tanto para estimularla como para inhibirla. Una mutación en los genes que codifican a las proteínas encargadas de proporcionar las señales de estimulación e inhibición de la división es lo que inexorablemente conducirá a la creación de una célula cancerosa.

Aunque las mutaciones en protooncogenes y genes supresores de tumores son las culpables de la transformación maligna de las células sanas, las mutaciones en los genes que codifican proteínas encargadas de reparar el ADN aumentan drásticamente la probabilidad de adquirir mutaciones. Tener genes reparadores mutados es análogo a tener un pésimo mecánico que en vez de reparar el auto lo daña aún más manteniendo el acelerador y freno rotos y además incorporándole nuevos daños aleatoriamente.

La primera familia de genes que se estudió para determinar su impacto sobre la transformación maligna de células sanas fueron los genes que codifican proteínas quinasas. Su elección como primer blanco de estudio no fue aleatoria y se fundamentó en tres pilares racionales:

1. Su papel protagónico en la regulación del ciclo celular.
2. La evidencia experimental que relacionaba a las proteínas quinasas mutantes con la aparición de tumores.
3. La susceptibilidad de las quinasas a ser inhibidas por fármacos. Haciéndolas un blanco farmacológico atractivo.

Los resultados fueron concluyentes: los primeros estudios mutacionales que analizaron 518 genes que codifican proteínas quinasas fueron evaluados en 210 cánceres humanos de mama, pulmón, gástrico, ovario y renal, así como en leucemia linfoblástica aguda. Identificando aproximadamente 120 genes mutados que contribuían a la transformación maligna de células sanas.

Como se mencionó anteriormente, las proteínas quinasas se encargan de activar y desactivar funciones empleando para ello "monedas energéticas" (enlaces fosfato de alta energía). Siendo estas monedas cruciales para que las quinasas desempeñen su labor al arrebatárselas para posteriormente devolvérselas, estaríamos regulando su funcionamiento. Las encargadas de "arrebatar" a las quinasas sus "monedas" son unas proteínas conocidas como fosfatasas.

Las quinasas que regulan el ciclo celular pueden ser inhibidas cuando las fosfatasas les "arrebatan" sus "monedas", esto significa que la mutación en los genes que codifican fosfatasas produciría fosfatasas disfuncionales incapaces de regular quinasas, provocando alteraciones en el ciclo celular. Con base en lo anterior, se decidió elegir a las fosfatasas como la segunda familia de genes a estudiar para determinar si se encontraban mutadas en células cancerígenas. Los resultados demostraron que efectivamente el 50% de los cánceres estudiados mostraba mutaciones en los genes que codificaban fosfatasas, quinasas o ambas, enfatizando aún más el papel de las fosforilaciones y desfosforilaciones en el desarrollo del cáncer.

Aunque el estudio de las familias de genes que se encontraban mutadas en diferentes tipos de cáncer proporcionó información valiosa, fue necesario un estudio mucho más amplio para comprender a profundidad el origen genético del cáncer. El siguiente paso adelante para determinar la etiología de esta enfermedad fue la decodificación del genoma completo de diferentes tipos de cáncer.

Las regiones del genoma humano que contienen todos los genes que codifican proteínas se llaman exoma y están compuestos por más de 20,000 genes. Estos 20,000 genes fueron estudiados en diferentes tipos de cáncer, analizando cada uno de ellos y comparándolos con su versión sana. De estos estudios se pudieron extraer las siguientes conclusiones:

- Los genomas del cáncer tienen un promedio de 30 a 100 mutaciones por tumor, que fue un número más alto de lo que se pensaba anteriormente. Aunque las alteraciones incluyeron mutaciones puntuales, inserciones y deleciones, la gran mayoría de las mutaciones observadas fueron sustituciones de una sola base.

- Incluso dentro de un mismo tipo de cáncer, se encontraron distintos patrones mutacionales. Esto significa que la mutación en distintos genes puede generar el mismo tipo de cáncer, demostrando que el cáncer encuentra su camino a través de rutas diferentes.
- Se descubrió que el número de genes involucrados en el desarrollo de la enfermedad era mucho mayor al esperado.
- Los tumores sólidos que surgen en los niños albergan en promedio de 5 a 10 veces menos mutaciones en comparación con un tumor sólido típico de un adulto.

Estos estudios también proporcionaron información muy valiosa sobre la frecuencia en la que se presentan mutaciones en los diferentes tipos de cáncer. Mostrando que la variación es extraordinaria, teniendo a los cánceres hematológicos y pediátricos con las tasas de mutación más bajas (0,001 mutaciones por cada millón de bases de ADN) y a los cánceres de piel y pulmón con la carga mutacional más alta (más de 400 mutaciones por cada millón de bases de ADN).

10.2. Virus oncogénicos

Los virus oncogénicos son capaces de transformar a las células que infectan en células cancerígenas. Al igual que las células animales, los virus poseen su propio genoma que contiene las instrucciones necesarias para crear nuevos virus. Dependiendo de la naturaleza de su genoma, los virus oncogénicos pueden ser clasificados en dos grandes grupos: uno es la familia de virus de ADN y el otro es la familia de virus de ARN (Fig. 112).

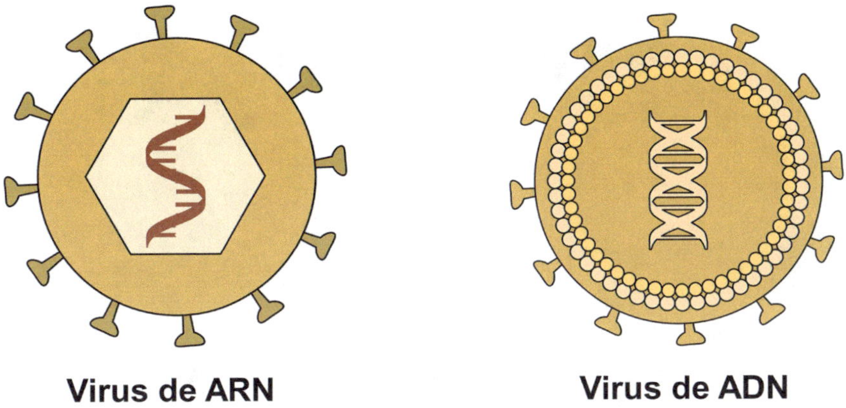

Fig. 112. Grupos de virus oncogénicos.

Estas dos clases principales de virus utilizan diversos mecanismos para inducir cáncer, pero frecuentemente comparten una característica común: la capacidad de integrar su material genético en el genoma de la célula que los hospeda. Además, los virus oncogénicos tienen la capacidad de infectar, pero no matar a su célula huésped, por lo que generalmente establecen infecciones persistentes a largo plazo.

Los virus de ADN están constituidos por una especie de caparazón de proteínas que en ocasiones se encuentra recubierto por una membrana grasosa que obtienen al salir de la célula que los hospeda. En su interior poseen un genoma de ADN compuesto por secuencias de bases de ADN agrupadas en genes que codifican proteínas. La decodificación de su genoma se lleva a cabo a través de un mecanismo idéntico al nuestro: el gen compuesto por una secuencia de bases de ADN es utilizado como plantilla para crear una hebra de ARN mensajero, que será empleada por los ribosomas de la célula humana que los hospeda para construir la proteína que se encontraba codificada en el gen (Fig. 113).

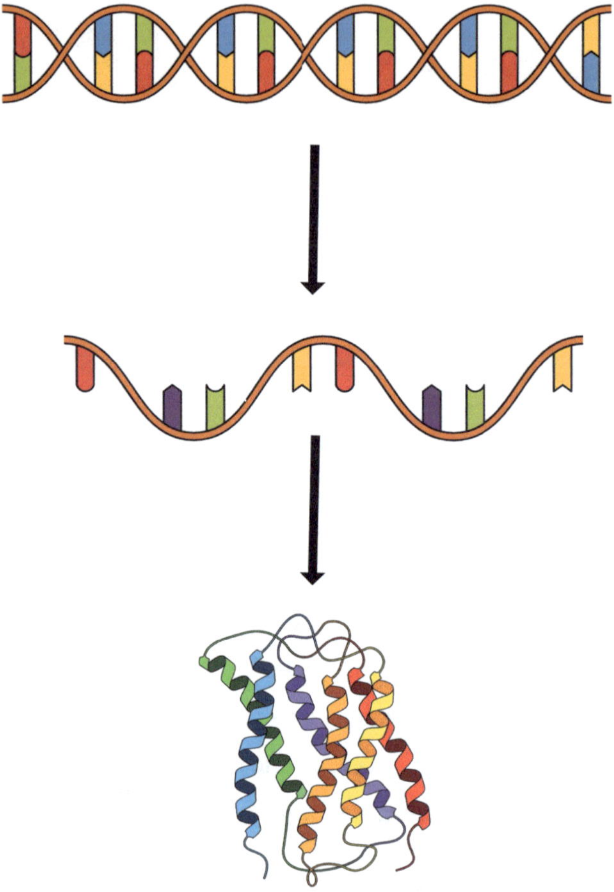

Fig. 113. Mecanismo empleado por los virus de ADN para sintetizar a las proteínas codificadas en sus genes.

El mecanismo mediante el cual los virus de ADN consiguen apropiarse de la maquinaria de replicación de nuestras células es el siguiente:

1. El virus usa las proteínas de su "caparazón" como una "llave" que introduce en un receptor afín ubicado en la membrana de la célula que va a infectar, de este modo la célula lo confunde con su ligando natural "abriéndole la puerta" y dejándolo entrar (Fig. 114).

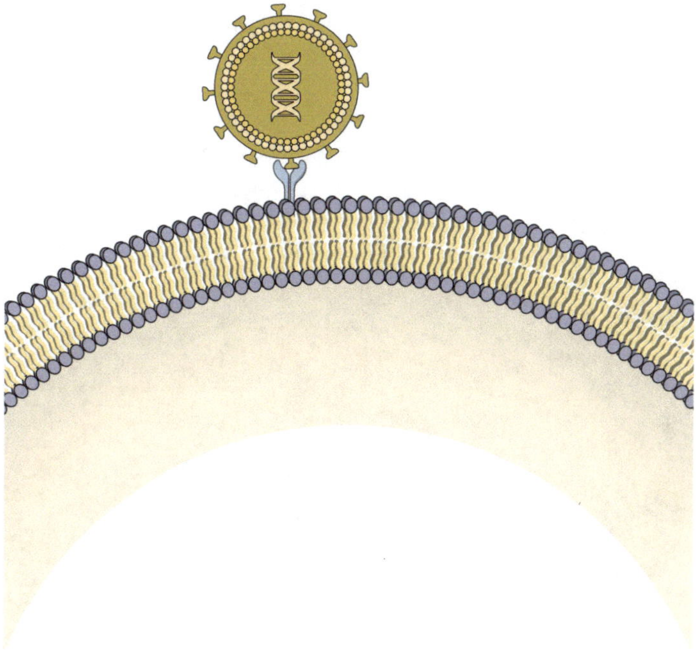

Fig. 114. Unión de la proteína del virus a su receptor afín ubicado en la membrana de la célula que desea infectar.

Este mecanismo de "llave cerradura" es crucial para nuestra supervivencia, ya que afortunadamente los virus solo poseen algunas "llaves" capaces de abrir unas cuantas "cerraduras" celulares. Esta es la razón por la que los virus solo infectan a las células que, por azar, tienen la cerradura que se abre con el "juego de llaves" que el virus fabrica naturalmente.

2. Una vez dentro, el genoma del virus es trasportado al núcleo (Fig. 115) y dependiendo del virus puede permanecer de forma "satelital" junto al genoma de la célula que lo hospeda o usar una maquinaria especial para insertarse permanentemente dentro del genoma de la célula a la que infectan (Fig. 116).

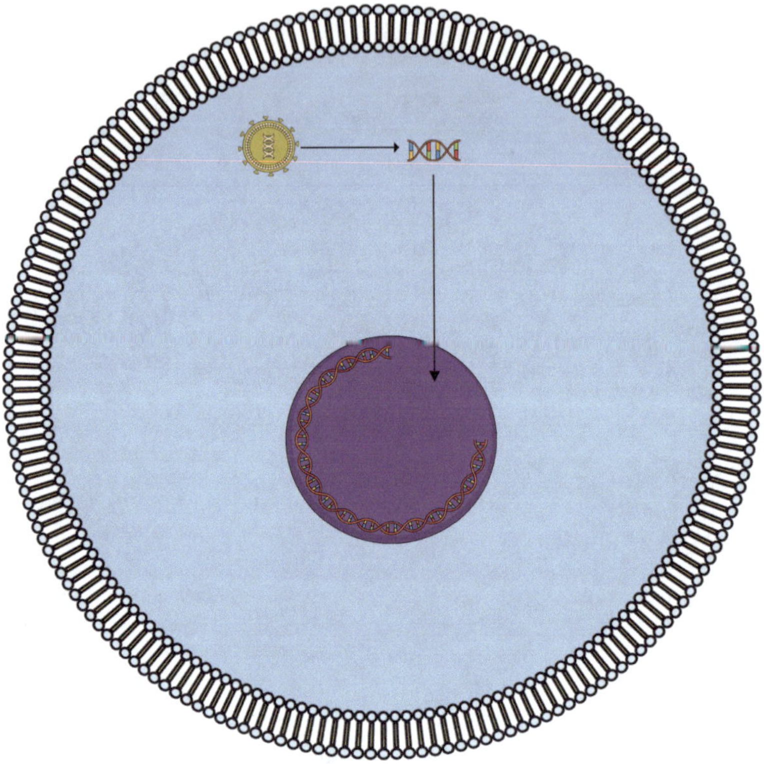

Fig. 115. El virus "se desnuda" dejando libre a su genoma para que pueda ingresar al núcleo donde se encuentra la maquinaria necesaria para iniciar su proceso de replicación.

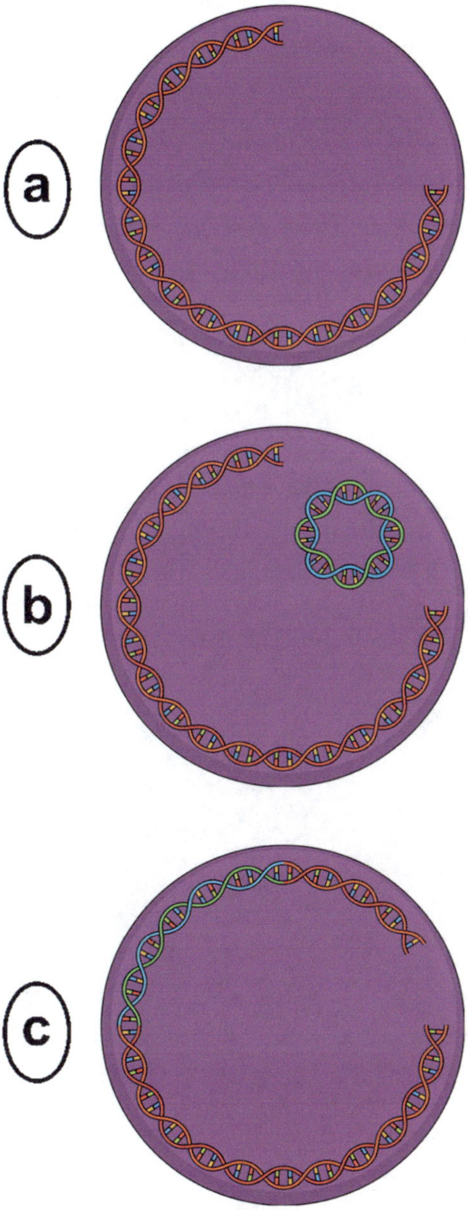

Fig. 116. Núcleo de la célula huésped antes y después de la infección viral. a) ADN nativo de la célula huésped previo a la infección viral, b) ADN viral satelital y c) ADN viral incorporado permanentemente en el genoma de la célula huésped.

3. Ahora que el genoma viral ha llegado al núcleo en donde se encuentra toda la maquinaria que nuestra célula emplea para traducir los códigos escritos en nuestros genes, la célula que lo hospeda confunde al ADN viral con ADN propio y lo emplea como plantilla para formar ARN mensajero viral que viajará al citoplasma para que los ribosomas lo traduzcan en proteínas. Las proteínas virales recién creadas iniciarán una cascada de eventos que obligarán a la célula a crear copias del virus (Fig. 117).

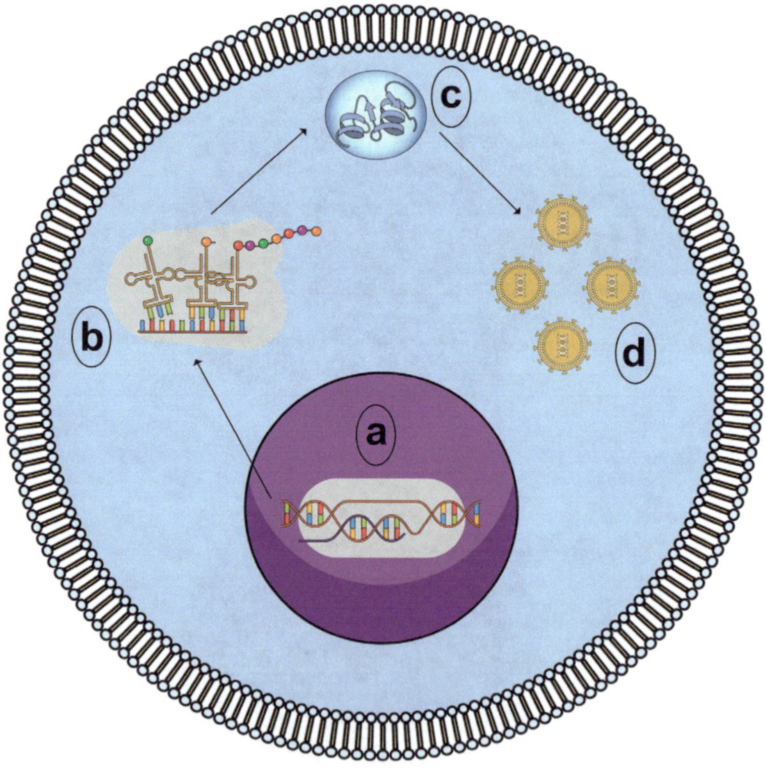

Fig. 117. a) Creación del ARN mensajero viral que contiene la información necesaria para crear proteínas virales. b) Traducción del mensaje oculto en ARN mensajero viral para crear a las proteínas virales. c) Proteínas virales recién sintetizadas. d) Cascada de eventos ocasionados por las proteínas virales que obligan a la célula a crear más virus.

Se cree que los virus oncogénicos de ADN son responsables de entre el 15% y el 20% de los cánceres humanos, principalmente linfomas y carcinomas.

Por otra parte, los virus oncogénicos de ARN son estructuralmente similares a los de ADN, también están formados por un caparazón de proteínas que protege su genoma de ARN pero el mecanismo que emplean para adueñarse de la maquinaria de replicación de su célula hospedera es un tanto diferente y se desarrolla de la siguiente manera:

1. Las proteínas de su "caparazón" se unen a su receptor afín engañando a la célula y obligándola a dejarlo entrar (Fig. 118).

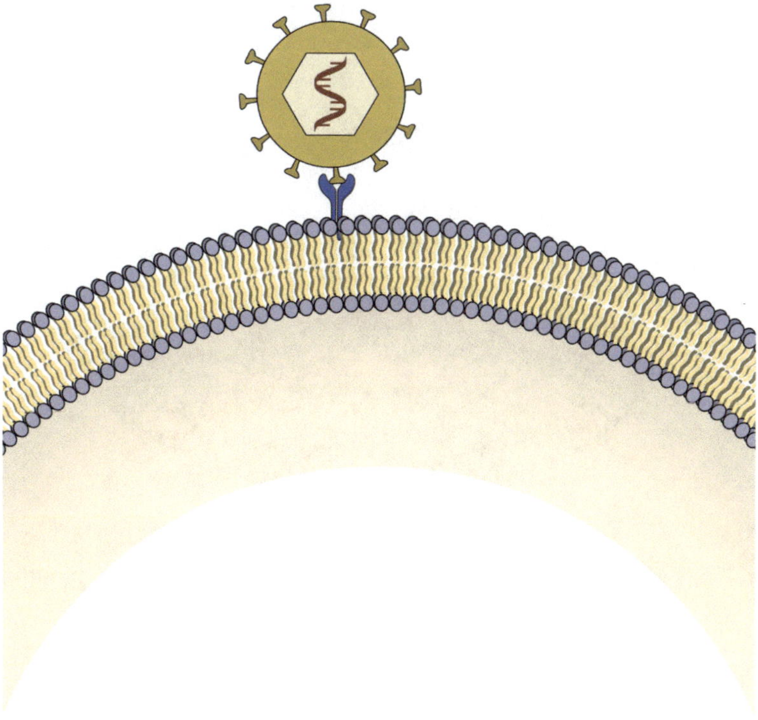

Fig. 118. Unión de la proteína del virus a su receptor afín ubicado en la membrana de la célula que desea infectar.

2. Una vez dentro, el virus usa su maquinaria viral para transformar su genoma de ARN en genoma de ADN (Fig. 119) a través de un fenómeno conocido como transcripción inversa, razón por la cual estos virus son conocidos como retrovirus (porque el mecanismo normal es generar ARN a partir de ADN, pero ellos lo hacen "en reversa", generando ADN a partir de ARN).

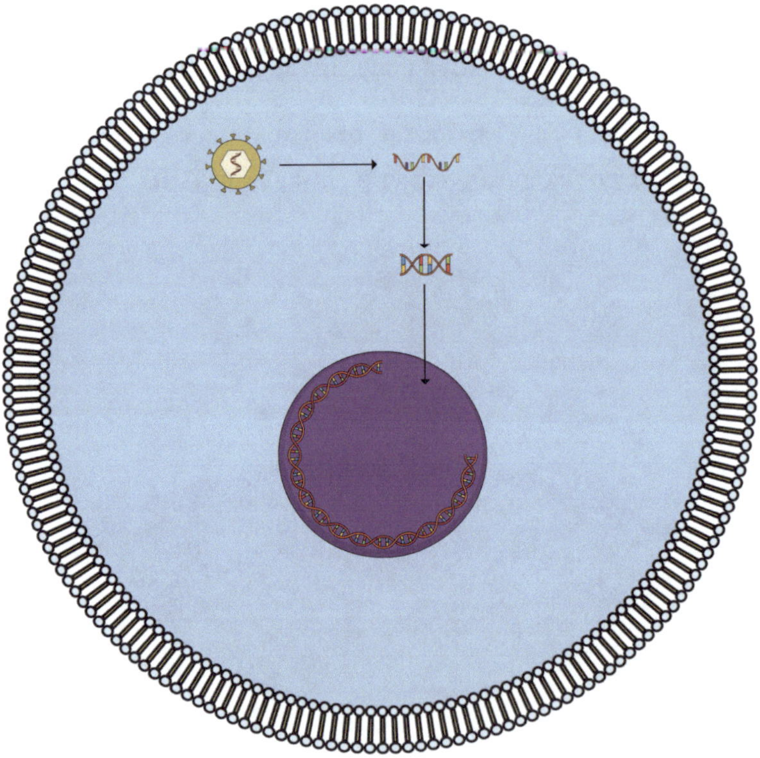

Fig. 119. Después de que el genoma de ARN viral se encuentra desnudo, la transcriptasa inversa lo transforma en genoma de ADN.

3. El genoma viral que ahora es de ADN es trasportado al núcleo donde en insertado permanentemente dentro del genoma del huésped. De esta manera se obliga a la célula a crear constantemente ARN mensajero viral para que sea traducido a proteínas por los ribosomas de

la célula. Posteriormente, las proteínas virales recién creadas iniciarán una cascada de acontecimientos que obligarán a la célula a crear copias del virus de forma indefinida (Fig. 120).

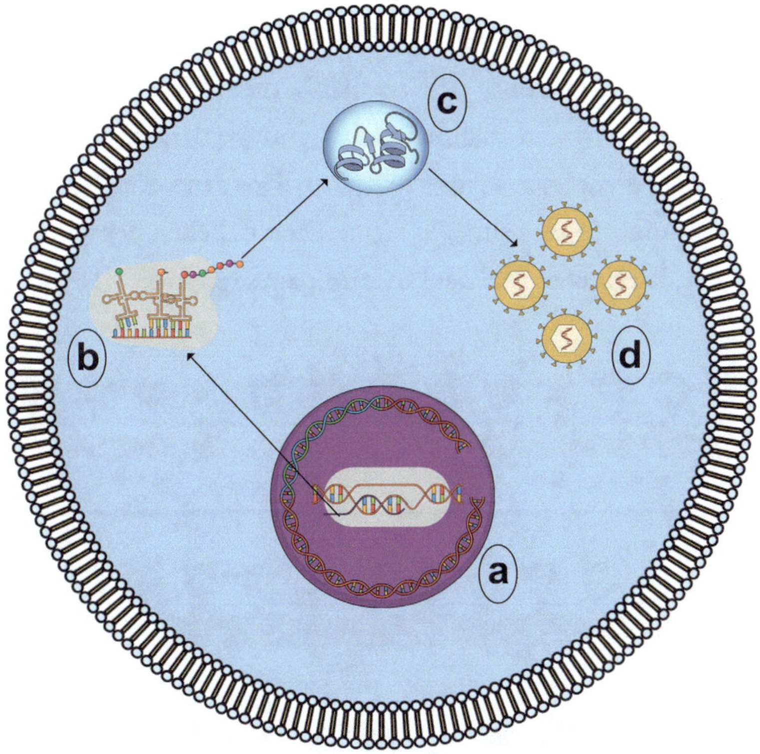

Fig. 120. a) El ADN viral que se ha incorporado permanentemente en el genoma de la célula huésped obliga a la célula a utilizar su maquinaria de transcripción para crear ARN mensajero viral. b) El ARN mensajero viral es leído por los ribosomas celulares y transformado en proteínas. c) Proteínas virales recién sintetizadas. d) Se inicia una cascada de eventos desencadenados por las proteínas virales que obliga a la célula a crear copias del virus.

Cuando los virus oncogénicos tanto de ADN como de ARN insertan su genoma viral dentro del genoma de la célula huésped pueden alterar la secuencia de bases de los genes que codifican a las proteínas encargadas de regular la muerte y el ciclo celular. Las versiones sanas de estos genes reguladores son protooncogenes, pero si su secuencia de bases se altera porque se insertaron genes virales que modificaron su marco de lectura, entonces los protooncogenes se convierten en oncogenes que transforman a la célula infectada en una célula cancerígena que se replica sin control. Esto sucede porque los protooncogenes codifican proteínas como las ciclinas y las quinasas que son cruciales para regular la progresión del ciclo celular, y si estas proteínas nacen disfuncionales o ni siquiera consiguen nacer porque el genoma viral que se insertó destruyó los genes que las codifican, entonces el equilibrio se rompe, la supervisión del ciclo desaparece y, en consecuencia, la célula se replicará indefinidamente (Fig. 121).

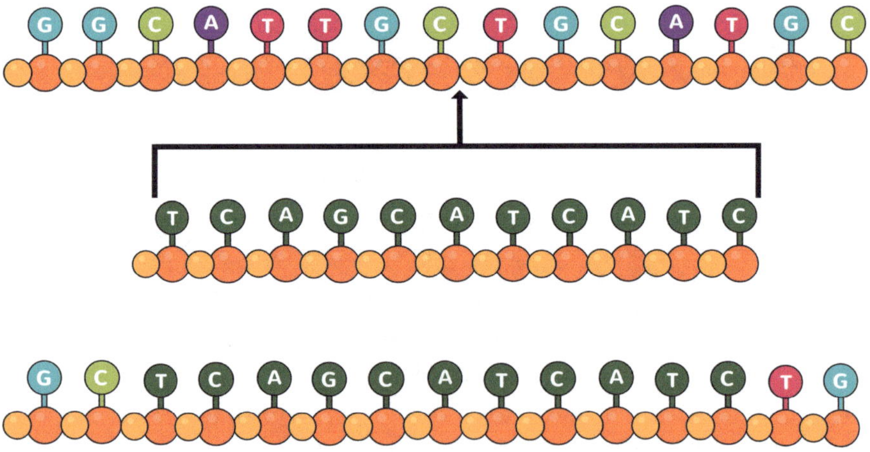

Fig. 121. ADN viral (verde) insertándose en medio de un protooncogén sano, destruyendo el mensaje y recorriendo el marco de lectura.

Otro de los mecanismos usado por los virus oncogénicos para transformar células sanas en células cancerígenas es inhibiendo o destruyendo las proteínas codificadas por los genes supresores de tumores, de esta forma se elimina "el freno" que detiene el ciclo celular, obligando a la célula a dividirse indefinidamente.

10.3. Reordenamientos cromosómicos

Un tipo especialmente peligroso de mutaciones cancerígenas sucede cuando se generan cambios en el tamaño y estructura del cromosoma ocasionando duplicación y/o pérdida masiva de genes.

Recordemos que los cromosomas son una superestructura que contiene enormes cantidades de ADN empaquetado, por lo que perder un trozo de un cromosoma significa perder grandes cantidades de ADN y, por ende, de genes. Este fenómeno puede suceder espontáneamente a causa de errores cometidos durante la replicación y la reparación del ADN, pero se presenta especialmente en individuos expuestos a radiaciones ionizantes (proveniente de rayos X o material radiactivo).

El proceso inicia cuando los cromosomas se rompen en varios fragmentos. Dependiendo de la forma en que los fragmentos vuelven a "pegarse", pueden presentarse cuatro tipos de reordenamientos: deleción, duplicación, inversión y traslocación recíproca.

Deleción. Cuando un cromosoma se parte en dos o más pedazos y uno de esos fragmentos se pierde, se dice que ha sucedido una deleción cromosómica. Debido a que no existen mecanismos capaces de crear nuevamente el fragmento de cromosoma perdido, a esa célula y a toda su descendencia les faltará una cantidad considerable de genes (Fig. 122).

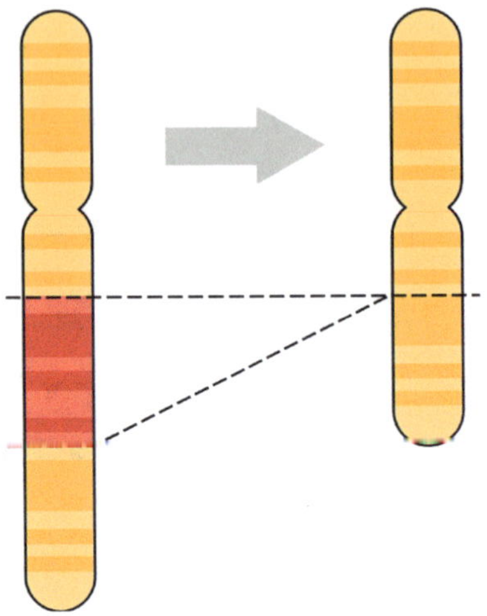

Fig. 122. Reordenamiento cromosómico por deleción.

Duplicación. Sucede cuando la ADN polimerasa replica más de una vez una parte del cromosoma, resultando en la repetición de la misma sección de genes dentro del cromosoma (Fig. 123).

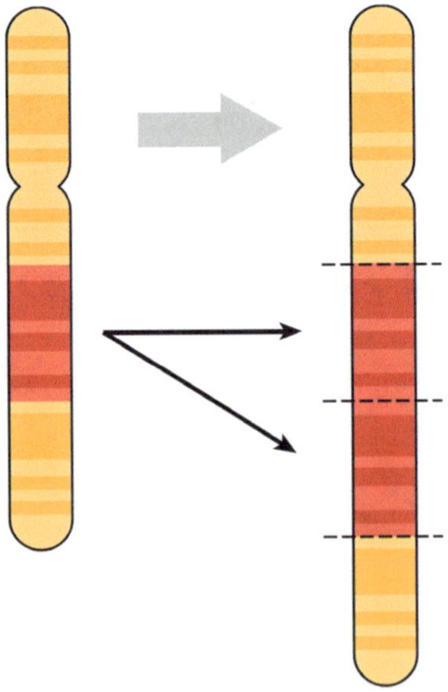

Fig. 123. Reordenamiento cromosómico por duplicación.

Inversión. Esto ocurre cuando un cromosoma se rompe en dos sitios pero un segmento interno se voltea y se vuelve a conectar en dirección opuesta. Un cromosoma con una inversión contiene un fragmento que se "rompió" y se volvió a "pegar" en la dirección opuesta, es decir, que quedó "de cabeza" haciendo que el código de los genes presentes en ese fragmento se lea al revés (Fig. 124). Esto significa que si el mensaje escrito en el gen decía: "célula, quiero que abras una puerta en la membrana para que pueda entrar la glucosa"; ahora dirá: "glucosa la entrar pueda que para membrana la en puerta una abras que quiero célula". En este escenario hipotético, la célula no entenderá el mensaje y, en consecuencia, la glucosa no entraría a la célula.

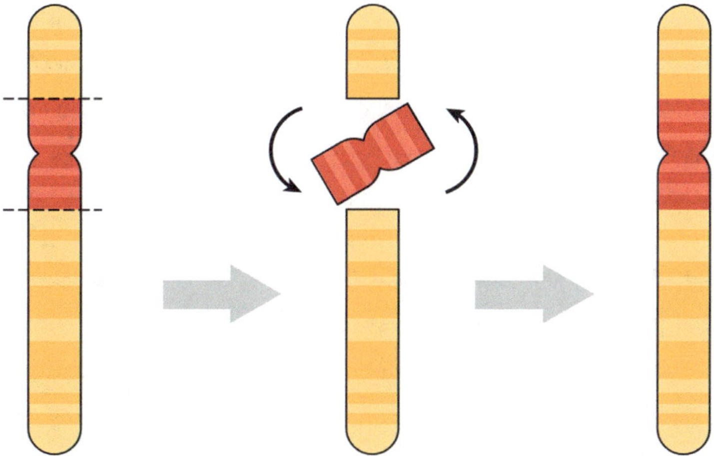

Fig. 124. Reordenamiento cromosómico por inversión.

Traslocación recíproca. En este tipo de reordenamiento dos cromosomas distintos se rompen al mismo tiempo e intercambian fragmentos. Los fragmentos "rotos" se unen de nuevo pero en el cromosoma equivocado (Fig. 125).

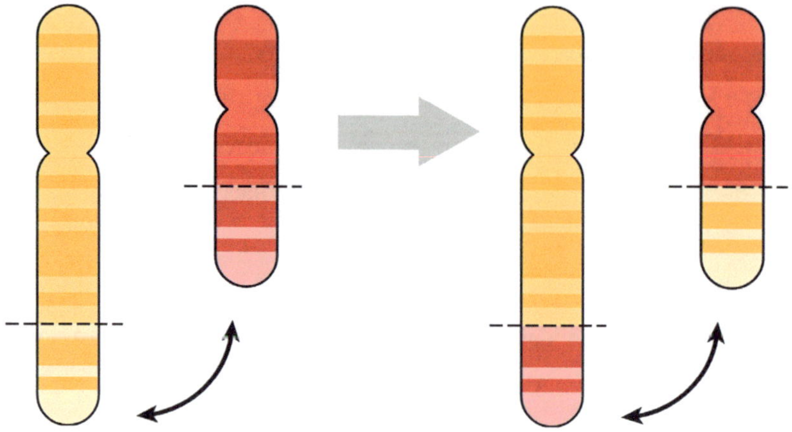

Fig. 125. Reordenamiento cromosómico por traslocación recíproca.

Aunque a través de este mecanismo no se pierde información genética porque los genes se mantienen dentro del núcleo, al no estar presentes en el lugar que les corresponde la célula no sabrá donde buscar cuando necesite decodificarlos, por lo que, en términos prácticos, es como si se hubieran perdido.

Aunque a través de este mecanismo no se pierde información genética porque los genes se mantienen dentro del núcleo, al no estar presentes en el lugar que les corresponde la célula no sabrá donde buscar cuando necesite decodificarlos, por lo que, en términos prácticos, es como si se hubieran perdido.

Los reordenamientos cromosómicos pueden inducir cáncer a través de tres mecanismos principales: pérdida de información genética, modificación del marco de lectura y genes fusionados.

Pérdida de información genética. Cuando se pierden, invierten o traslocan trozos de cromosomas es posible que se pierdan o se alteren protooncogenes, genes supresores de tumores o genes que codifiquen proteínas reparadoras del ADN. Por lo tanto, si los encargados de supervisar el ciclo celular y reparar el ADN "desaparecen", la célula sana se transformará inexorablemente en una célula cancerígena.

Modificación del marco de lectura. Los reordenamientos cromosómicos por duplicación y traslocación pueden alterar la secuencia de bases de un gen, alterando por completo el ARN mensajero que dará origen a la proteína que está codificada en el gen. Recordemos que cuando el ARN mensajero obtenido de un gen es leído por los ribosomas para transformarlo en proteína, lee las bases del ARN de tres en tres (en tripletes o codones), y si se inserta de repente una secuencia de bases que no debería estar ahí, puede alterarse la secuencia de bases de una gran cantidad de genes, dando como resultado proteínas mutantes que en la mayoría de los casos son disfuncionales.

Genes fusionados. Durante el reordenamiento de genes por traslocación es común ver genes o fragmentos de genes uniéndose para dar origen a un gen fusionado. Las proteínas que resultan de la decodificación de estos genes se conocen como proteínas quiméricas y su presencia ha sido relacionada con varios tipos de cáncer, especialmente en leucemias, tumores mesenquimales y carcinomas. El mecanismo de transformación maligna de las células a causa de proteínas quiméricas no está bien definido, pero se cree que interfieren en el correcto funcionamiento de los puntos de control del ciclo celular.

CAPÍTULO 11

Clonación de células cancerosas: tumores

Cuando una célula sufre una mutación que la hace perder el control de su división celular, lo que sucederá es que se generará una masa celular con millones de clones de esta célula cancerígena que se mantendrá fijo en el tejido donde se creó. A esta masa celular se le conoce como tumor benigno. Por lo regular esta clase de tumor puede ser extirpado mediante cirugía y no causa graves daños. Sin embargo, si las células del tumor también tienen la capacidad de desprenderse de la masa celular, ingresar al torrente sanguíneo, invadir otros tejidos y formar nuevos tumores, se dice que los tumores se han vuelto malignos. Al mecanismo empleado por las células cancerígenas para desprenderse de la masa tumoral y migrar a otras partes del cuerpo se le conoce como metástasis (Fig. 126).

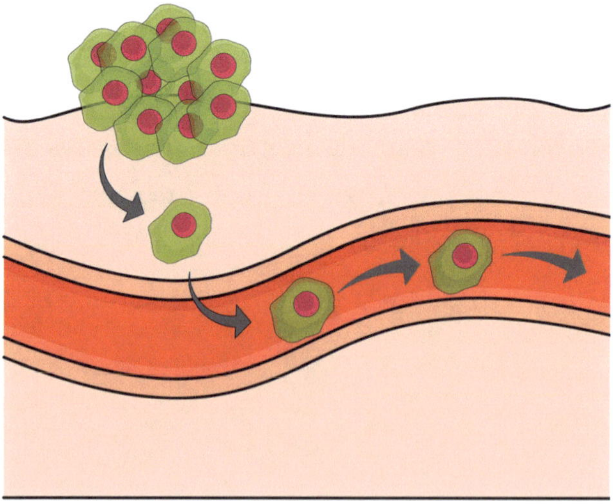

Fig. 126. Metástasis tumoral ocasionada por el desprendimiento de células tumorales y su transporte a otros tejidos a través del torrente sanguíneo.

Los tumores benignos se transforman en malignos cuando acumulan mutaciones que les proporcionan las habilidades necesarias para iniciar la invasión de otros tejidos. Las más relevantes son las siguientes:

1. Habilidades para secretar una sustancia que digiere la matriz extracelular liberando a la célula cancerígena y permitiéndole invadir y destruir tejidos vecinos (Fig. 127).

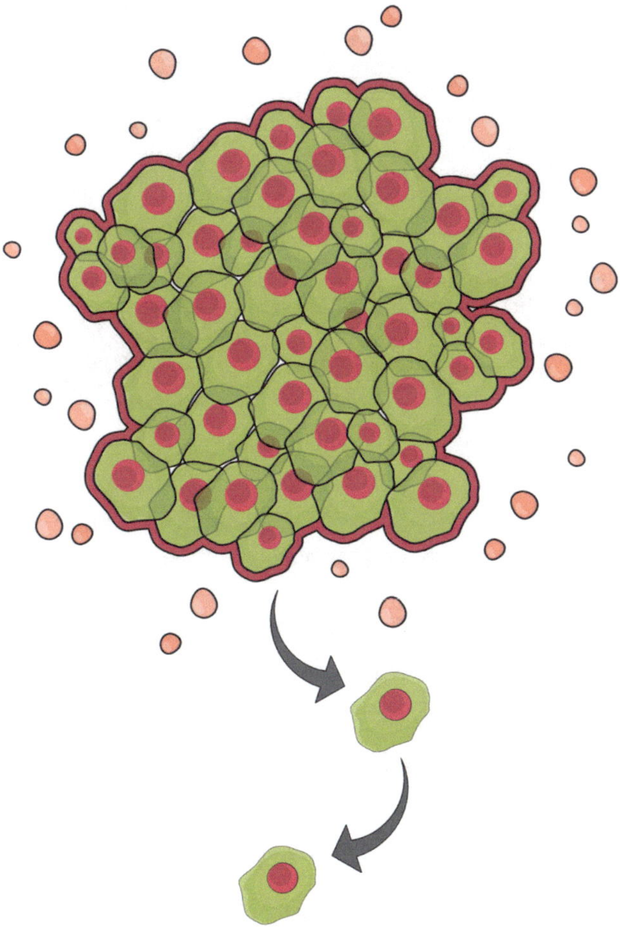

Fig. 127. La matriz extracelular ha sido desintegrada y las células son libres de viajar a otros tejidos.

2. Capacidad para crear señalizadores bioquímicos que inducen la formación de nuevos vasos sanguíneos que le proporcionan oxígeno y nutrientes al tumor, permitiéndole crecer indefinidamente (Fig. 128).

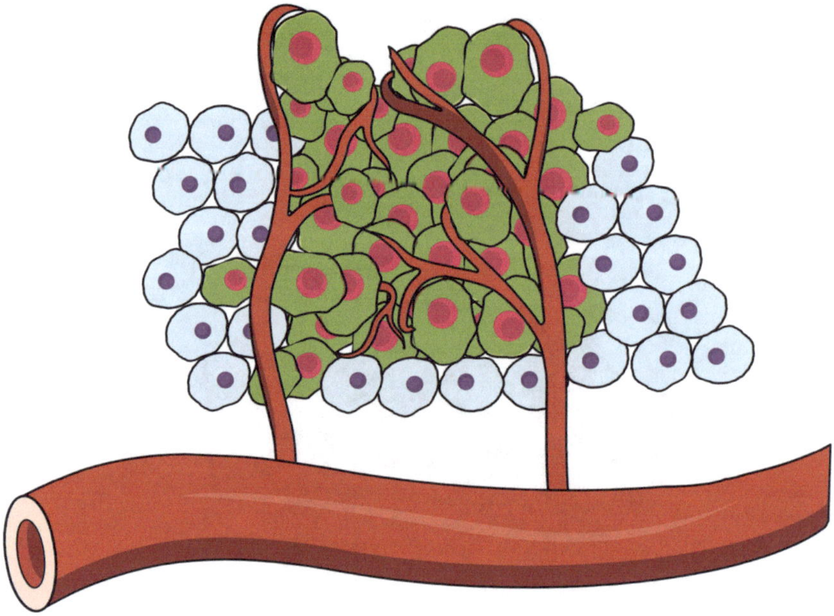

Fig. 128. Creación de nuevos vasos sanguíneos que le proporcionan al tumor acceso a los nutrientes provenientes del flujo sanguíneo.

3. La invisibilidad frente al sistema inmune. Nuestro sistema inmune es capaz de reconocer a las células cancerígenas y destruirlas gracias a células especializadas como las células NK o células asesinas naturales. Estas células son capaces de detectar a las células cancerosas debido a modificaciones que sufren en los receptores anclados a su membrana. Sin embargo, existen mutaciones que confieren a las células cancerígenas un "velo de invisibilidad" que las esconde y les permite pasar desapercibidas (Fig. 129).

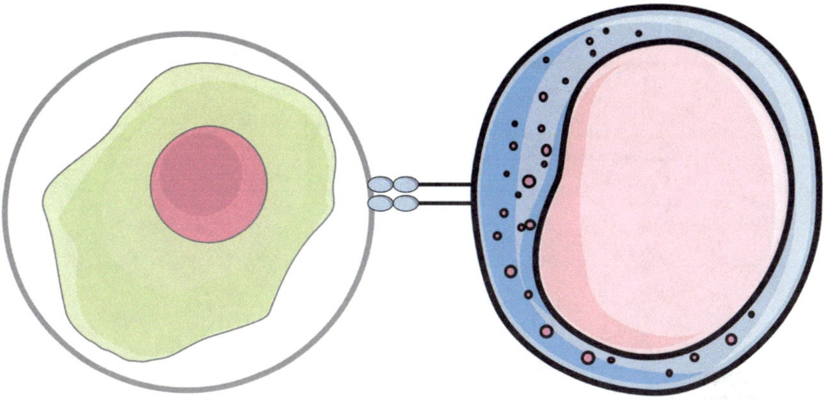

Fig. 129. Velo de invisibilidad creado por las células cancerígenas que las esconde de las asesinas naturales.

La aparición constante de mutaciones que generan variantes cancerígenas cada vez más agresivas se debe a que la tasa de mutación en las células cancerosas es mucho más alta que en células sanas. Esto es causado paradójicamente por mutaciones en las enzimas encargadas de reparar las mutaciones en el ADN.

Esta situación es particularmente grave porque si las proteínas encargadas de reparar los daños están dañadas, las mutaciones se acumularán a una velocidad cada vez mayor.

Cada nueva mutación en las células que constituyen el tumor puede mejorar aún más su capacidad proliferativa. Así, la célula que porte estas nuevas mutaciones pronto se convertirá en la célula predominante dentro del tumor. Eventualmente pueden ser superadas por otra de sus clones que adquiera más mutaciones que mejoren su proliferación, creándose una "carrera" por conseguir el mayor número de mutaciones posible (Fig. 130).

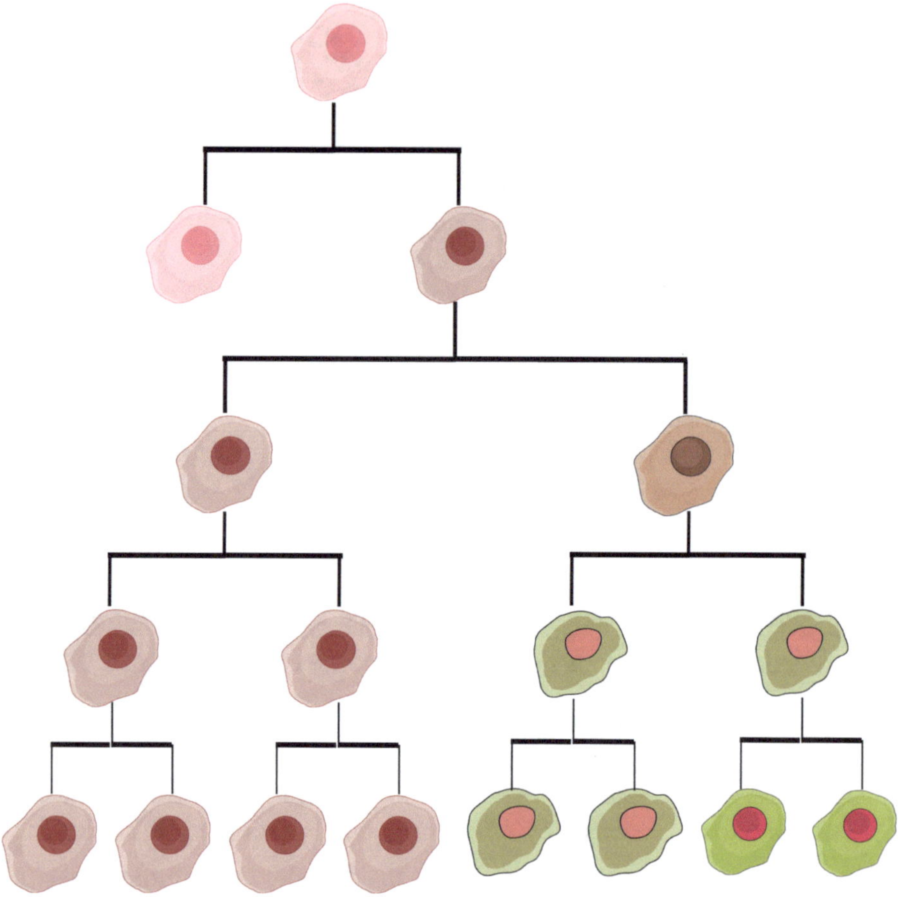

Fig. 130. Células del mismo linaje que comienzan con una célula sana que acumula mutaciones durante cada ciclo de replicación hasta obtener las habilidades necesarias para iniciar el proceso de metástasis.

En este proceso, denominado evolución clonal, las células tumorales acumulan mutaciones que las vuelven cada vez más agresivas.

Se ha encontrado que los genes que regulan la reparación del ADN frecuentemente se encuentran mutados en cánceres avanzados. Por ejemplo, el cáncer de mama puede ser causado por mutaciones en los genes BRCA1 y BRCA2, que son dos genes cuya función es precisamente reparar el ADN.

Aunque los tumores tengan un origen clonal no son una masa homogénea de células. En la Fig. 130 podemos observar que, en una misma división celular, la mutación puede generarse únicamente en una de las dos células hermanas dando origen a linajes de células con características diferentes. Esto es lo que se conoce como heterogenicidad del tumor. La idea es que un clon que recibe la primera mutación cancerígena, llamado clon fundador, adquiere mutaciones que pueden ser o no beneficiosas; si lo son, entonces evoluciona, pero sus otros clones también se encuentran recolectando mutaciones de forma aleatoria, generándose una competencia entre clones hermanos en donde "el mutante más agresivo" definirá el linaje celular dominante.

Este proceso de evolución clonal es muy similar al que sufren los virus durante su replicación dentro de las células. Debido a que los virus tienen mecanismos de reparación del ADN que son deficientes e incluso ausentes, sufren constantemente mutaciones aleatorias que en algunos casos son mortales, pero en otros les proporcionan habilidades nuevas como la capacidad de infectar nuevas especies o la resistencia a medicamentos. La similitud radica en que las células de cáncer también han perdido la habilidad de reparar su ADN, se han inmortalizado y se replican incesantemente a costa de su hospedero.

Las células cancerígenas son un parásito, una especie de "virus" creado de nuestra propia carne y que compite exhaustivamente con sus hermanas para convertirse en la variante dominante.

11.1. Origen tisular de los tumores

La mayoría de los tumores surgen de tejido epitelial que, como vimos en capítulos anteriores, es un tejido que recubre todas las superficies externas del cuerpo, así como las cavidades y conductos internos. Por consiguiente, este tejido genera los cánceres humanos más comunes: los carcinomas.

Entre los carcinomas se encuentran los tumores que surgen del tejido epitelial del tracto gastrointestinal e incluyen la boca, el esófago, el estómago y los intestinos delgado y grueso. También son considerados carcinomas los cánceres que surgen del tejido epitelial de la piel, la glándula mamaria, el páncreas, el pulmón, el hígado, los ovarios, el útero, la próstata, la vesícula biliar y la vejiga urinaria.

Los carcinomas pueden ser clasificados en dos categorías de acuerdo con la función que desempeña el tejido epitelial: carcinomas de células escamosas y adenocarcinomas.

Carcinomas de células escamosas. Surgen de células epiteliales que sirven para sellar, proteger y recubrir órganos y cavidades. Los órganos que generalmente se ven afectados por este tipo de cáncer son la piel, cavidad nasal, laringe, pulmón, esófago y cuello uterino (Fig. 131).

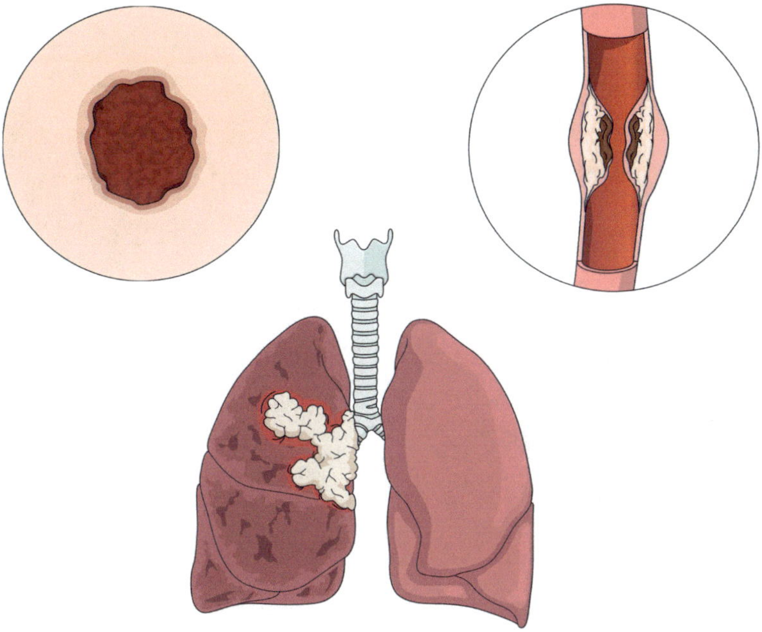

Fig. 131. Observación macroscópica de carcinoma de células escamosas de la piel, esófago y pulmón.

Adenocarcinomas. Surgen de tejido epitelial formado por células especializadas que excretan sustancias en los conductos o cavidades que recubren. Por ejemplo, algunas células epiteliales que recubren al pulmón o al estómago secretan moco que los protege del aire y ácidos estomacales respectivamente; si por algún motivo surgen mutaciones en estas células, es probable que se generen tumores a partir de ellas. Los órganos en los que comúnmente se generan adenocarcinomas son el pulmón, colon, seno, páncreas, estómago, esófago, próstata, endometrio y ovarios (Fig. 132).

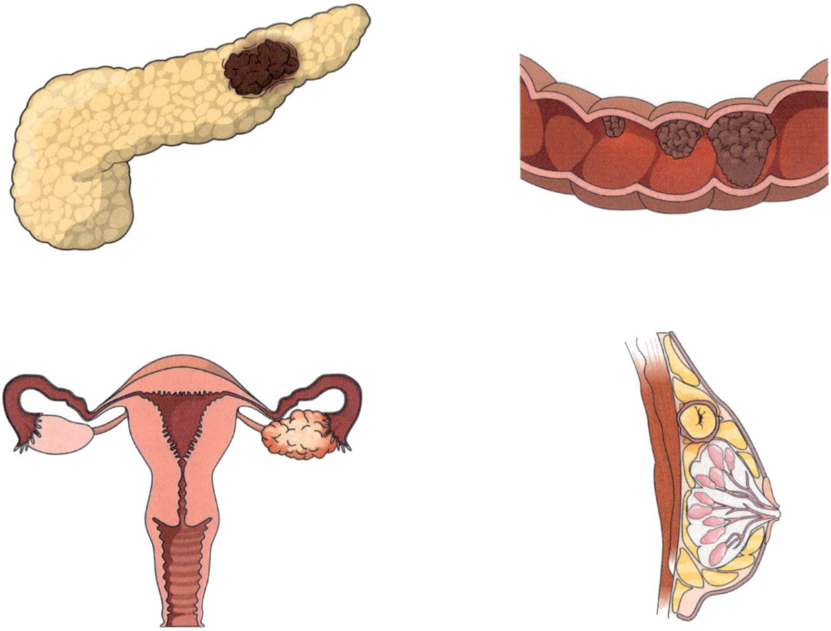

Fig. 132. Observación macroscópica de adenocarcinoma de páncreas, colon, ovario y seno.

Los carcinomas de células escamosas y los adenocarcinomas no son excluyentes y frecuentemente coexisten en el mismo órgano.

Por otro lado, si las mutaciones se originan en tejidos no epiteliales como los tejidos conectivos y musculares, es muy probable que surjan tumores llamados sarcomas (Fig. 133).

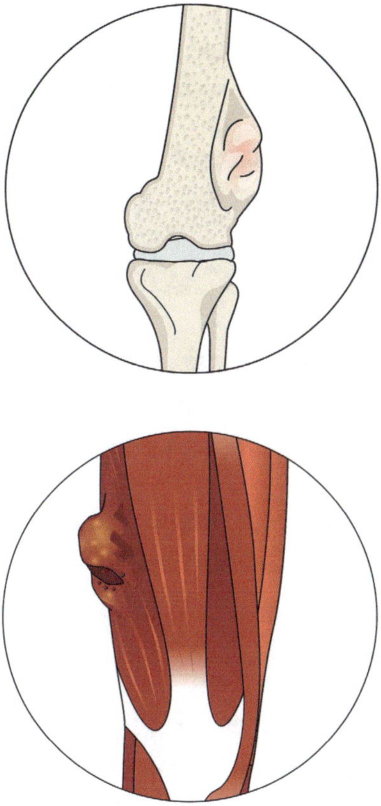

Fig. 133. Sarcoma de hueso y de tejido blando (músculo).

Esta clase de tumores es poco frecuente y representa aproximadamente el 1% de los tumores diagnosticados. Su clasificación depende de la línea celular que les dio origen y podemos destacar los siguientes:

- Osteosarcoma: surge a causa de mutaciones en el linaje celular de los osteoblastos. Estas células forman parte constitutiva de los huesos y se encargan de ensamblar cristales de calcio dentro de matrices de colágeno para formar hueso.

- Liposarcoma: ocasionado por mutaciones en el linaje celular de los adipocitos. Su función principal es almacenar grasa en su citoplasma, siendo el elemento constitutivo principal del tejido adiposo.
- Rabdomiosarcoma: sarcoma generado por mutaciones en células del tejido muscular esquelético. Sus células alargadas unidas al hueso tienen la función de estirarse y contraerse para dar movilidad al hueso.
- Leiomiosarcoma: tipo de tumor generado por mutaciones en células del tejido muscular liso. Este tejido tiene la función de estirarse y contraerse para dar motricidad a los órganos huecos.
- Fibrosarcoma: este tumor se forma por mutaciones en los fibroblastos del tejido conectivo. La función principal de estas células es sintetizar el colágeno que constituye el principal componente de la matriz extracelular del tejido conectivo.
- Condrosarcoma: sarcoma causado por mutaciones en los condrocitos. Estas células forman parte constitutiva del cartílago y se encargan de excretar la matriz extracelular de los diferentes tipos de cartílagos.

Los tumores pueden generarse en todos los tejidos de nuestro organismo, y el tejido nervioso no es la excepción. Los tumores neuroectodérmicos surgen de los distintos tipos de células que componen el sistema nervioso (Fig. 134).

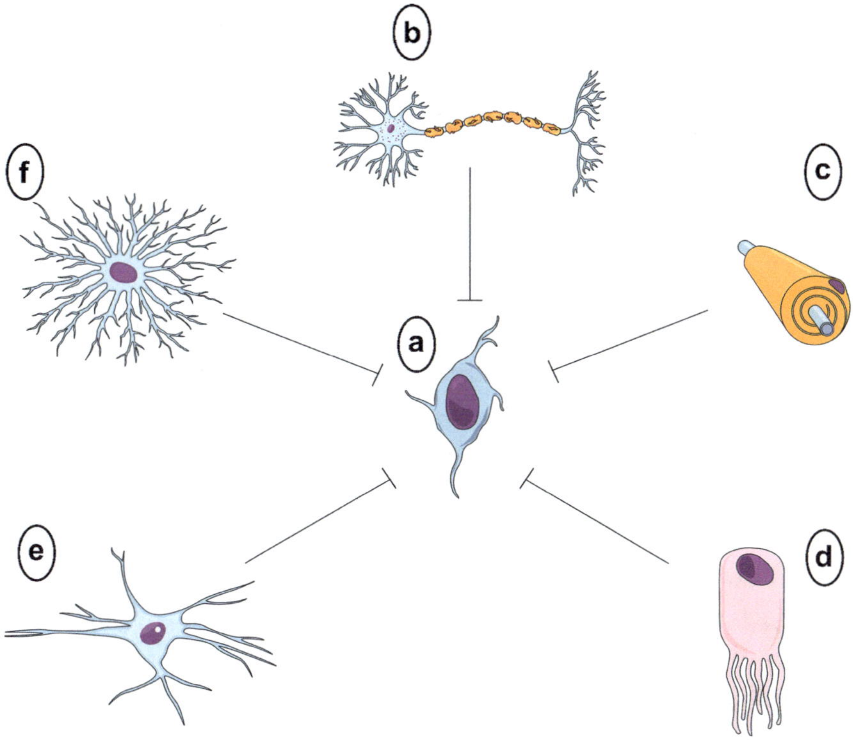

Fig. 134. Linaje de las células nerviosas. a) Célula madre neural, b) Neurona, c) Células de Schwann, d) Células ependimarias, e) Oligodendrocitos, f) Astrocitos.

El cáncer en el tejido nervioso es especialmente peligroso porque, a pesar de constituir únicamente el 1.3% de todos los cánceres diagnosticados, es responsable del 2.5% de las muertes relacionadas con el cáncer. Al igual que en los casos anteriores, su clasificación depende del linaje celular que les dio origen y los más representativos son:

- Glioma: grupo de tumores del sistema nervioso central que surge de las células gliales. Este linaje celular tiene una función auxiliar en el desarrollo de las funciones del sistema nervioso, además cumple una función de sostén y nutrición para el resto del tejido nervioso. De acuerdo con su estructura, ubicación y función, las células gliales se subclasifican en tres tipos de células: astrocitos, células ependimarias y oligodendrocitos. Los tumores también se subclasifican con base en el tipo de célula glial que les dio origen. Incluyen ependimomas (derivados de células ependimarias), astrocitomas (formados de astrocitos) y oligodendrogliomas (originados a partir de oligodendrocitos).

- Neuroblastoma: tumores formados a partir de células precursoras neuronales primitivas llamadas neuroblastos. Es más común en niños, ya que en esta etapa de la vida los neuroblastos comienzan a migrar a los sitios del cuerpo en el que ocuparán su lugar final. Una vez en este sitio, comienzan su etapa final de maduración y diferenciación.

- Schwannomas: tumor derivado de unas células no neuronales llamadas células de Schwann. La función de estas células es formar vainas alrededor de prolongaciones neuronales conocidas como axones.

Existen algunos tumores que no entran en las clasificaciones anteriores pero que es necesario mencionar:

- Melanoma: tumores generados por melanocitos que han sufrido daños en su ADN. A pesar de tener un origen embrionario cercano al de las células neuroectodérmicas, no adquieren conexiones directas con el sistema nervioso, por lo que no pueden entrar en esa clasificación. La función de los melanocitos es dar pigmento y color a piel y ojos y fungir como fotoprotectores (nos protegen de la radiación solar).

- Teratomas: este tipo de tumor desafía todo intento de clasificación. La teoría más aceptada sugiere que las células que dan origen a estos tumores son precursores de células germinales (óvulos y espermatozoides) que durante el desarrollo embrionario no migraron a sus destinos adecuados y se establecieron es sitios atípicos. En la vida adulta, estas células pueden proliferar y crear tejido de las tres capas de tejido embrionario. Esto quiere decir que son capaces de crear cualquier célula de cualquier tejido del cuerpo. A menudo se encuentran estructuras reconocibles como dientes, cabello o huesos, todos juntos dentro del mismo tumor.

- Cáncer de origen primario desconocido: en raras ocasiones las células que dan origen a estos tumores han mutado tanto que han desaparecido los rasgos característicos de los tejidos que le dieron origen. Se dice que estos tumores se han desdiferenciado haciendo imposible su clasificación.

CAPÍTULO 12

Cáncer en el tejido sanguíneo

Debido a las características únicas del tejido sanguíneo y a las particularidades de las células que lo conforman, este tipo de cáncer se desarrolla de forma distinta a los canceres tumorales, por lo que no puede ser clasificado de la misma manera. De forma general, esta enfermedad puede ser descrita como mutaciones cancerosas en las células que conforman los elementos formes de la sangre.

Los tipos de cáncer sanguíneo son muy variados y su clasificación depende de su origen, pero debido a su alta prevalencia abordaremos las tres principales: leucemias, linfomas y mieloma múltiple

Las leucemias. Son un grupo de trastornos caracterizados por la acumulación excesiva de células sanguíneas inmaduras en la médula ósea y sangre periférica (Fig. 135).

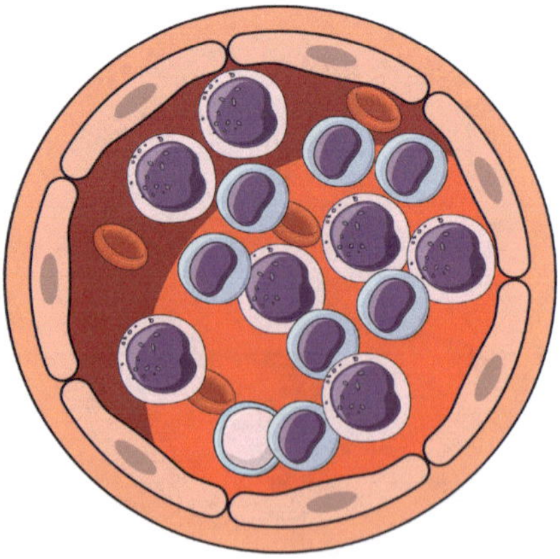

Fig. 135. Acumulación de células inmaduras que poco a poco sustituyen a las células sanas en sangre periférica.

Los linfomas. Son un grupo heterogéneo de cánceres que se origina en las células sanguíneas del sistema linfático caracterizado por ser un sistema circulatorio secundario por el que fluyen principalmente glóbulos blancos disueltos en una matriz extracelular líquida llamada linfa, que se diferencia de la sangre en que no transporta oxígeno porque carece de glóbulos rojos (Fig. 136).

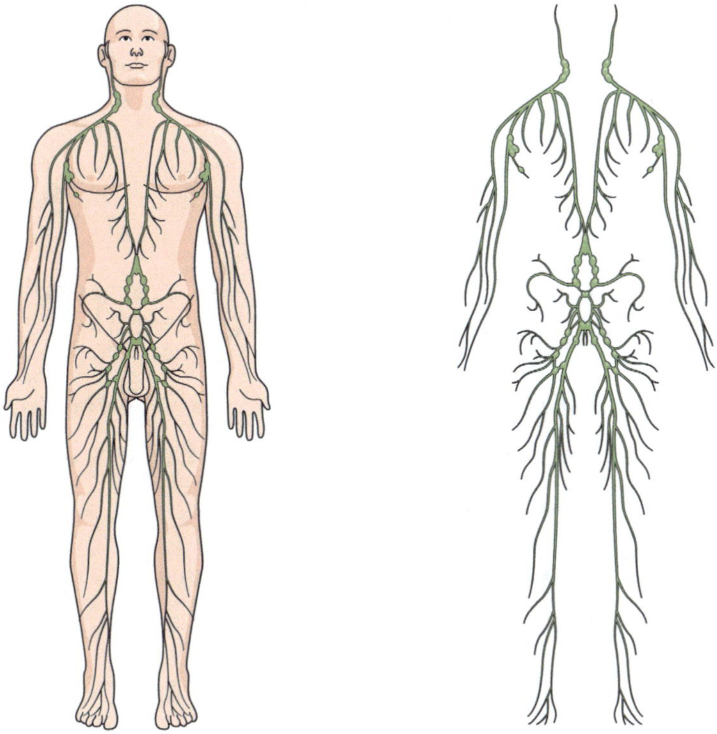

Fig. 136. Sistema linfático que actúa como un sistema circulatorio secundario por el que fluyen glóbulos blancos disueltos en linfa.

El color blanquecino casi transparente de la linfa se debe a que no contiene hemoglobina, ya que únicamente transporta glóbulos blancos. La sangre y la linfa intercambian constantemente fluidos a través de vasos sanguíneos y vasos linfáticos que se encuentran interconectados (Fig. 137).

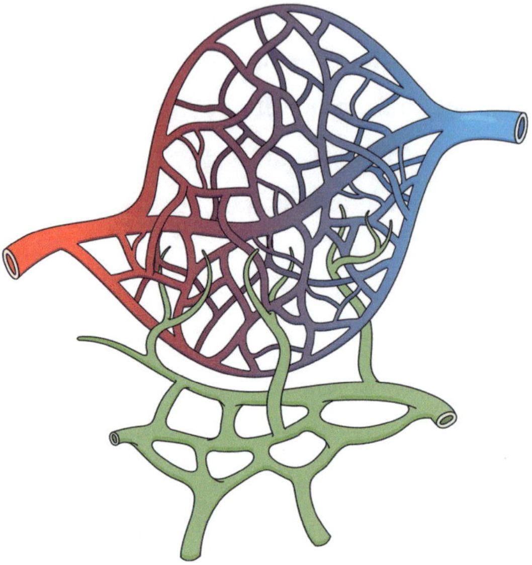

Fig. 137. Interconexión entre los vasos sanguíneos del sistema circulatorio primario (sanguíneo) y el secundario (linfático).

Los linfomas también se conocen como tumores sólidos hematológicos, ya que las células que lo originan se aglomeran formando masas tumorales que obstruyen el sistema linfático.

El mieloma múltiple. Es un tipo de cáncer que se origina a casusa de mutaciones cancerosas en las células encargadas de la producción de anticuerpos: las células plasmáticas.

Todos los tipos de cánceres sanguíneos tienen su origen en una sola célula mutante que, a través de una expansión clonal, escapa a los controles corporales normales y poco a poco sustituye a sus hermanas sanas por réplicas de sí misma.

Para definir adecuadamente estas enfermedades es necesario describir el proceso empleado por el cuerpo humano para crear células sanguíneas: la hematopoyesis (Fig. 138).

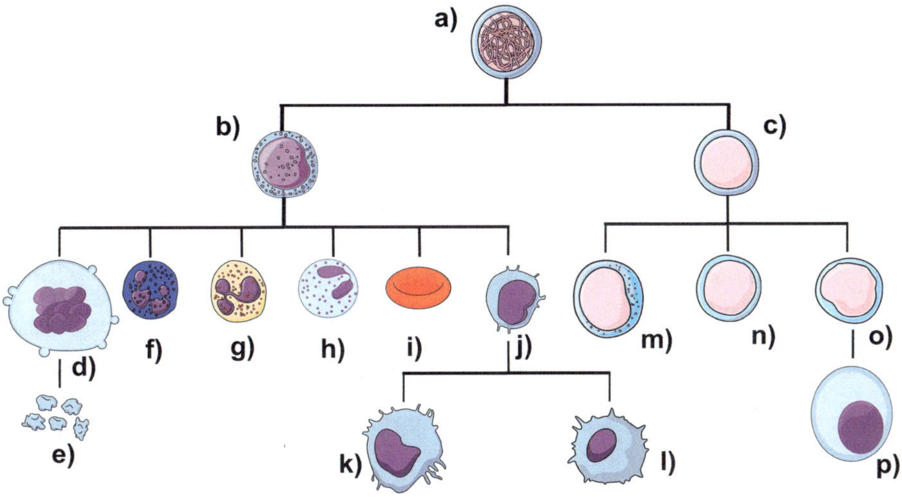

Fig. 138. Linaje celular hematopoyético. a) Célula madre hematopoyética, b) Célula madre mieloide, c) Célula madre linfoide, d) Megacariocito, e) Plaquetas, f) Basófilo, g) Eosinófilo, h) Neutrófilo, i) Eritrocitos (glóbulos rojos), j) Monocito, k) Macrófago, l) Célula dendrítica, m) Célula NK, n) Linfocito T, o) Linfocito B y p) Célula plasmática.

12.1 Hematopoyesis

Durante la hematopoyesis la célula madre hematopoyética crea dos células multipotentes diferentes: la célula progenitora mieloide y la célula progenitora linfoide. Estas células madre se dividirán y diferenciarán para dar origen a los linajes mieloide y linfoide.

12.1.1. Linaje mieloide

Este linaje celular es creado por la célula madre mieloide que se divide y transforma para crear: glóbulos rojos (eritrocitos), megacariocitos, granulocitos (basófilos, eosinófilos, neutrófilos) y monocitos.

Eritrocitos:

Son células peculiares que carecen de núcleo y de organelos. Están formadas por una membrana con una composición especial que le confiere al eritrocito la habilidad de deformarse y elongarse a un grado tal que son capaces de atravesar espacios con un diámetro 10 veces inferior al suyo sin romperse.

Dentro de su característica membrana, como si de un globo relleno de agua se tratase, se encuentra un citoplasma con enormes cantidades de hemoglobina, una proteína globular con hierro en su estructura que al unirse al oxígeno toma una tonalidad rojo intenso, dándole al eritrocito su característico color.

La hemoglobina disuelta en su citoplasma le permite al eritrocito ejercer su función principal: transportar oxígeno de los pulmones a los tejidos y llevar el dióxido de carbono desechado por las células a los pulmones para ser exhalado.

Su nacimiento se desarrolla a través de un proceso denominado eritropoyesis que inicia cuando la célula madre hematopoyética recibe un mensaje a través de un señalizador bioquímico indicándole que debe diferenciarse en una célula progenitora mieloide. Posteriormente, otro señalizador le indica a esta célula recién creada que el organismo necesita glóbulos rojos y debe diferenciarse para producirlos. Sin embargo, el eritrocito debe pasar por varias etapas de diferenciación antes de convertirse en una célula madura. Estas células que preceden al eritrocito maduro reciben el nombre de precursores eritrocitarios (Fig. 139).

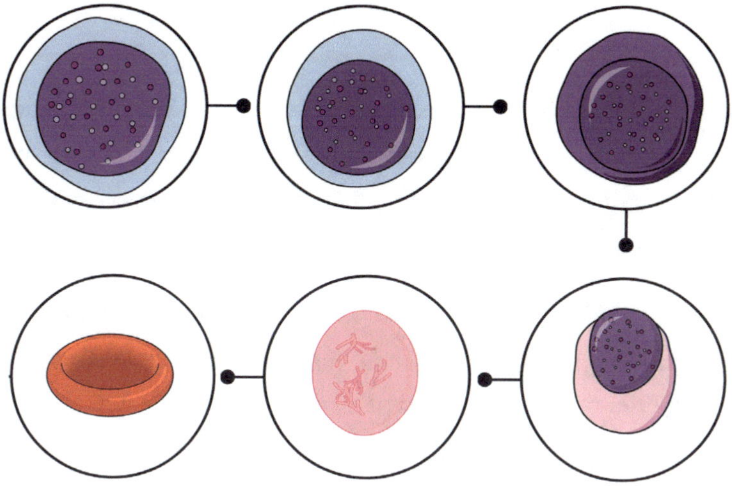

Fig. 139. Etapas de maduración en la eritropoyesis.

La maduración del eritrocito es un proceso que consta de cinco etapas:

1. La célula progenitora mieloide da origen al precursor más temprano del eritrocito: el proeritroblasto. Caracterizado por su gran tamaño y un núcleo que ocupa el 80% del citoplasma.

2. La siguiente etapa de maduración inicia cuando el proeritroblasto se divide para dar lugar al eritroblasto basófilo. Esta célula es más pequeña que el proeritroblasto, tiene un núcleo reducido y un citoplasma azulado debido a la intensa síntesis de proteínas desarrollada por un gran número de ribosomas.

3. La división mitótica del eritroblasto basófilo produce la tercera etapa de maduración: los eritroblastos policromáticos. Estas células son más pequeñas que los eritroblastos basófilos. El núcleo ocupa menos de la mitad del área celular con un citoplasma que ha cambiado a un tono morado debido a que la hemoglobina comienza a incrementar su concentración. En este punto la célula ha perdido su capacidad de

dividirse y comenzará un proceso de transformaciones sucesivas para convertirse en glóbulo rojo.

4. En la cuarta etapa el eritroblasto policromático reduce su tamaño y se convierte en eritroblasto ortocromático, caracterizado por poseer un núcleo proporcionalmente pequeño y un citoplasma rosa azulado con cantidades considerables de hemoglobina.

5. Ahora sucederá un fenómeno conocido como enucleación en el que se elimina el núcleo de la célula dando origen al reticulocito, la célula perteneciente a la última etapa de maduración de los glóbulos rojos. La maduración del reticulocito toma entre 48 y 72 horas. Durante este período, aproximadamente, el 20% del área de la superficie de la membrana se pierde y el volumen celular disminuye entre un 10% y un 15% completándose el ensamblaje final del esqueleto de la membrana y dando origen al producto final de este proceso: el eritrocito (Fig. 139).

Granulocitos:

Los granulocitos son un grupo de células que se divide en tres clases: neutrófilos, eosinófilos y basófilos. Se les denomina granulocitos por la presencia de gránulos en su citoplasma que son fundamentales para el desarrollo de sus funciones. También se conocen como células polimorfonucleares por las formas multilobulares que adopta su núcleo. Cada una de estas células cumple una función crucial en la defensa de nuestro organismo: los neutrófilos poseen gránulos con actividad predominantemente antimicrobiana, los eosinófilos descargan el contenido de sus gránulos para inducir procesos inflamatorios y para combatir amenazas parasitarias y los basófilos emplean sus gránulos para mediar principalmente reacciones alérgicas.

El proceso a partir del cual nacen los granulocitos recibe el nombre de granulopoyesis (Fig. 140) y se desarrolla en cinco etapas:

1. La célula progenitora mieloide se divide y crea el primer precursor común de los tres granulocitos: el mieloblasto. Esta es una célula inmadura con un núcleo enorme y pocos o ningún gránulo en su escaso citoplasma.

2. En la segunda etapa de diferenciación, el mieloblasto se transforma en promielocito. Este precursor tiene un núcleo proporcionalmente más pequeño y se caracteriza por iniciar la producción primaria de gránulos en su citoplasma.

3. En la tercera etapa de diferenciación, el promielocito recibe indicaciones de distintos señalizadores bioquímicos y, dependiendo de la señal recibida, se transformará en una de tres posibles células: mielocito basófilo, mielocito eosinófilo o mielocito neutrófilo. Esta etapa se caracteriza por la formación de gránulos secundarios.

4. Después de tres ciclos celulares de replicación, surge el metamielocito (que puede ser eosinófilo, basófilo o neutrófilo) y con él da inicio la cuarta etapa en la que han terminado los ciclos de división celular. La característica principal de los metamielocitos es su núcleo con forma de riñón.

5. La última etapa de diferenciación se da cuando el metamielocito se convierte en una célula en banda (que puede ser eosinófilo, basófilo o neutrófilo) caracterizada por un núcleo en forma de herradura y por la formación de un tercer grupo de gránulos, los gránulos secretores. Cuando esta célula ha terminado de madurar, el núcleo se ha lobulado y las características finales se han concretado, obteniendo el linaje celular que nuestros señalizadores bioquímicos hayan indicado que debe producirse (eosinófilo, basófilo o neutrófilo).

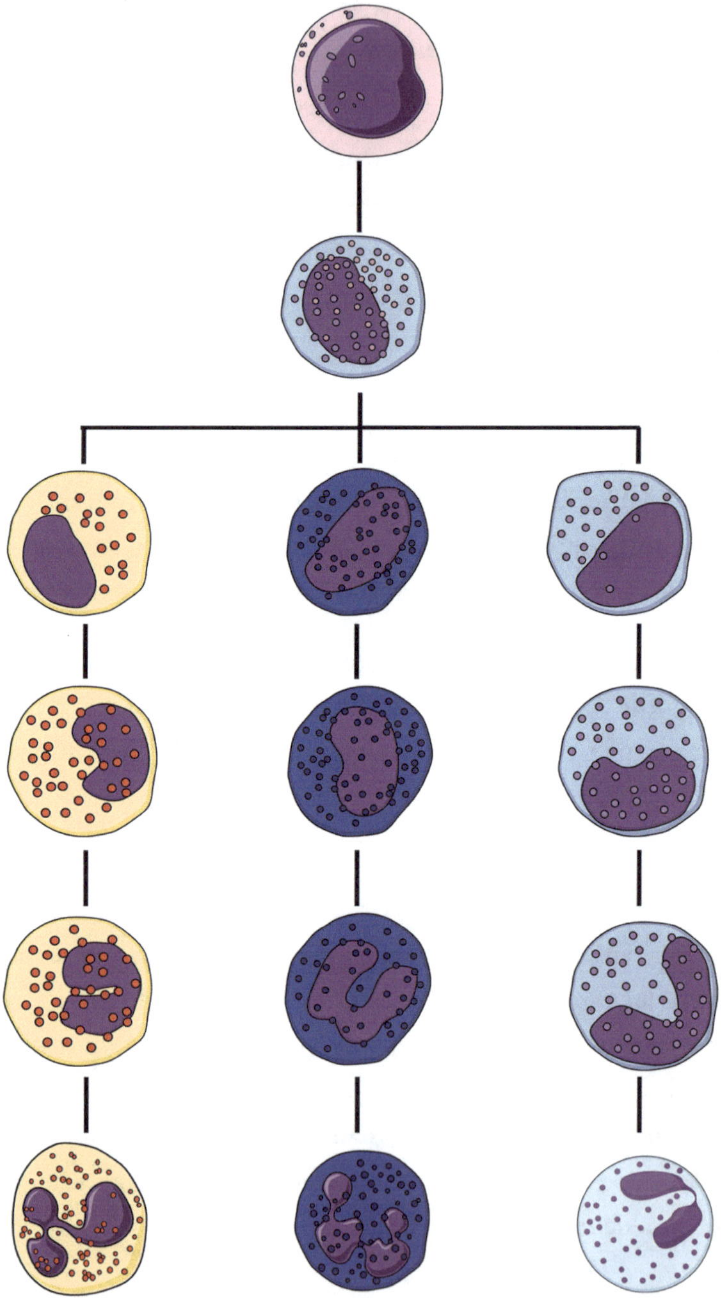

Fig. 140. Etapas de maduración en la granulopoyesis.

Monocitos:

Los monocitos son células que desempeñan un papel fundamental en la defensa de nuestro organismo. Su principal función es identificar microorganismos invasores, engullirlos y degradarlos.

Para "devorar" a un invasor, los monocitos hacen uso de un mecanismo conocido como fagocitosis que consiste en rodear a los microorganismos con su membrana e introducirlos dentro de sí para poder procesarlos y degradarlos (Fig. 141).

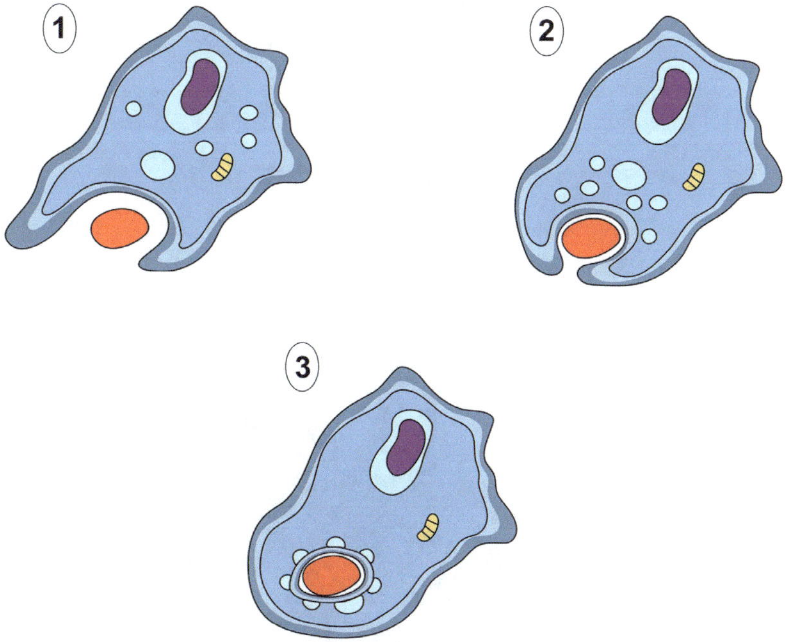

Fig. 141. Representación en 3 pasos del proceso de la fagocitosis.

Los monocitos también emplean la fagocitosis para "limpiar" el organismo de los restos celulares generados durante la apoptosis y para la eliminación de compuestos tóxicos; actúa como una aspiradora que mantiene a los tejidos libres de "impurezas".

Algunos señalizadores químicos son capaces de inducir transformaciones en los monocitos obligándolos a convertirse en dos tipos de células muy diferentes a él: macrófagos y células dendríticas (Fig. 142).

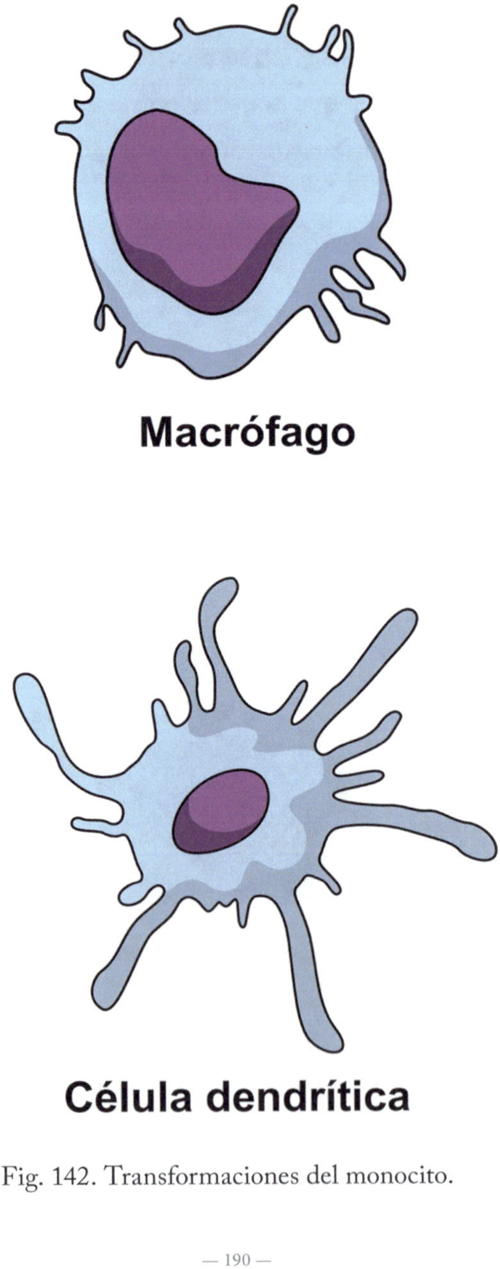

Fig. 142. Transformaciones del monocito.

La función de estas dos células es determinante para estimular a las células encargadas de la producción de anticuerpos: los linfocitos. Los macrófagos y las células dendríticas se encargan de devorar a los microorganismos invasores, fragmentarlos y presentar estos fragmentos en su membrana (Fig. 143).

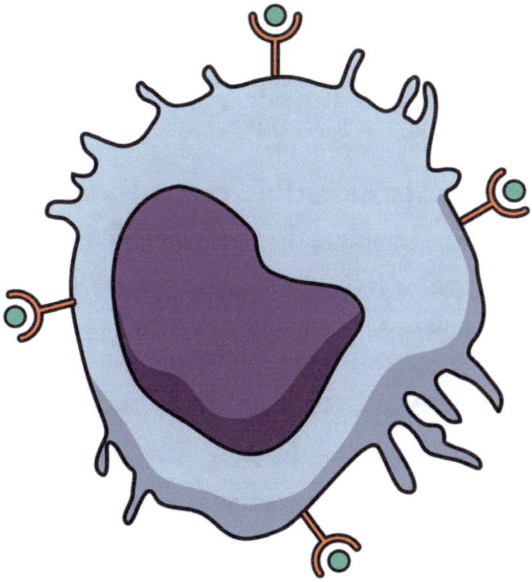

Fig. 143. Macrófago presentando fragmentos de microorganismos en su membrana.

Una vez que estos fragmentos son presentados en la superficie de su membrana, los linfocitos "los leen" e inician la producción de anticuerpos específicos contra esos "trozos de microorganismo".

El proceso que da origen a los monocitos es la monopoyesis y consta de 4 etapas sucesivas:

1. Los monocitos comparten un progenitor común con las células granulocíticas: el mieloblasto. La primera etapa inicia con la creación del mieloblasto a partir de la célula progenitora mieloide.

2. En la segunda etapa un señalizador bioquímico inductor de monopoyesis se une a su receptor que se encuentra anclado en la membrana del mieloblasto, ocasionando que se divida y genere al primer precursor del linaje monocítico: el monoblasto. Estas células se caracterizan por tener un núcleo grande y un citoplasma azulado.

3. La tercera etapa inicia cuando el mieloblasto recibe una señal indicándole que debe dividirse y diferenciarse en el segundo y último precursor del linaje mieloide: el promonocito, caracterizado por tener un núcleo que comienza a dentarse.

4. En la etapa final el promonocito termina de madurar y se transforma en monocito. Sus características principales son su núcleo dentado en forma de corazón y el gran número de receptores que posee para identificar a los microorganismos y partículas que engullirá.

Una vez que los monocitos salen de la médula ósea pueden ser estimulados por señalizadores bioquímicos para transformarse en macrófagos y células dendríticas, finalizando así el ciclo de diferenciación del linaje monocítico (Fig. 144).

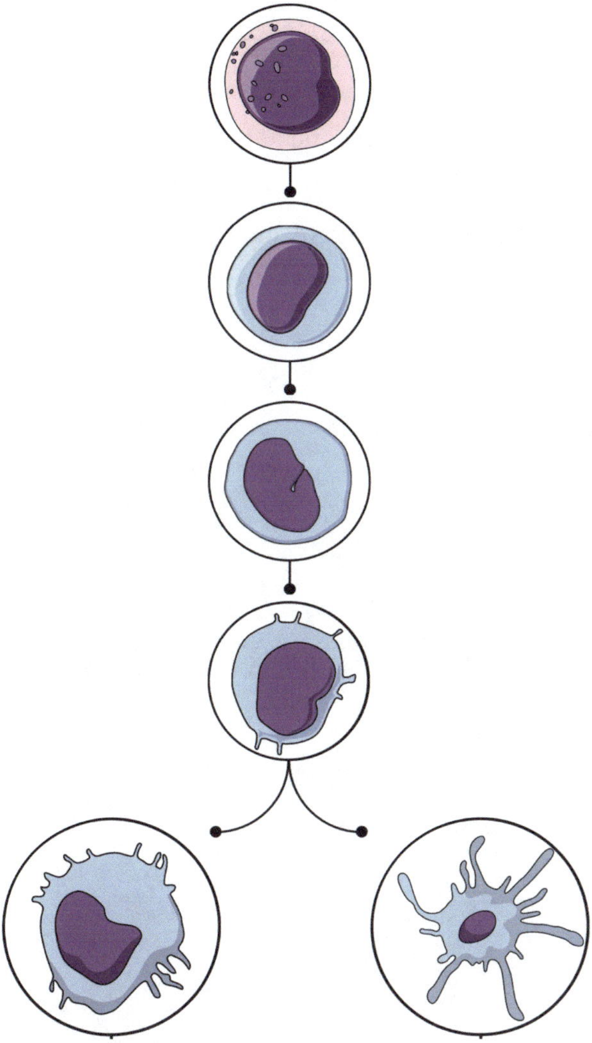

Fig. 144. Etapas de maduración en la monopoyesis.

Megacariocitos:

Las plaquetas no son células sino fragmentos de membrana y citoplasma procedentes de una célula enorme conocida como megacariocito. Se podría decir que la función del megacariocito es "reventar" y dar origen a las plaquetas.

La función de las plaquetas es recorrer los vasos sanguíneos en busca de lesiones. Cuando encuentran un vaso sanguíneo dañado las plaquetas se activan y se unen al tejido perivascular expuesto a la sangre liberando sustancias que atraen aún más plaquetas que se agregan y forman un tapón en el hueco ocasionado por la lesión. De esta forma se detiene el sangrado externo y se le da tiempo al organismo para regenerar el área afectada (Fig. 145).

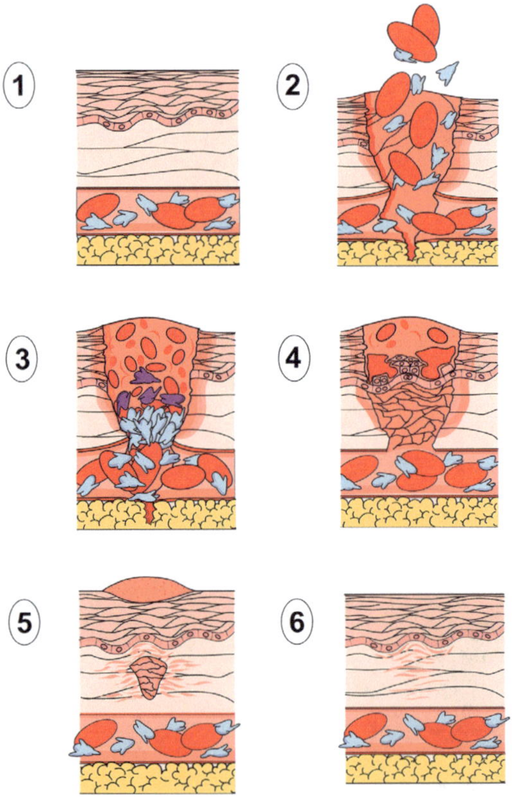

Fig. 145. Representación gráfica de la formación del tapón plaquetario en 6 etapas: 1. Plaquetas surcando los vasos sanguíneos en busca de lesiones. 2. Unión de las plaquetas al tejido perivascular expuesto a la sangre. 3. Reclutamiento y agregación plaquetaria. 4. Formación del tapón plaquetario e inicio de la cicatrización. 5. Limpieza y remodelación del área dañada. 6. Restablecimiento de la integridad del vaso sanguíneo.

El proceso de formación del megacariocito y su posterior fragmentación en plaquetas se conoce como megacariopoyesis (Fig. 146). Su desarrollo es el siguiente:

1. La célula progenitora mieloide recibe una señal bioquímica indicándole que debe producir megacariocitos. Durante esta primera etapa la célula progenitora se divide para generar al primer precursor del linaje megacariocítico: el megacarioblasto.

2. El megacarioblasto inicia un proceso, conocido como endomitosis, que consiste en una serie de replicaciones mitóticas sin división nuclear ni celular cuyo principal objetivo es incrementar su tamaño y transformarse en un promegacariocito.

3. En la etapa de promegacariocito se observa una maduración citoplasmática caracterizada por la creación de una red de canales y túbulos de membrana conocida como sistema de membrana invaginada. En este punto el promegacariocito madura para producir un megacariocito.

4. El megacariocito es demasiado grande para atravesar los ductos que conectan a la médula ósea con los canales de salida a la circulación sanguínea, por lo que la presión lo empuja por pequeños orificios haciéndolo “reventar” y generar miles de fragmentos de membrana y citoplasma llamados proplaquetas.

5. En su viaje a través de los vasos sanguíneos, las proplaquetas se fragmentarán en trozos más pequeños que finalmente darán lugar a plaquetas funcionales.

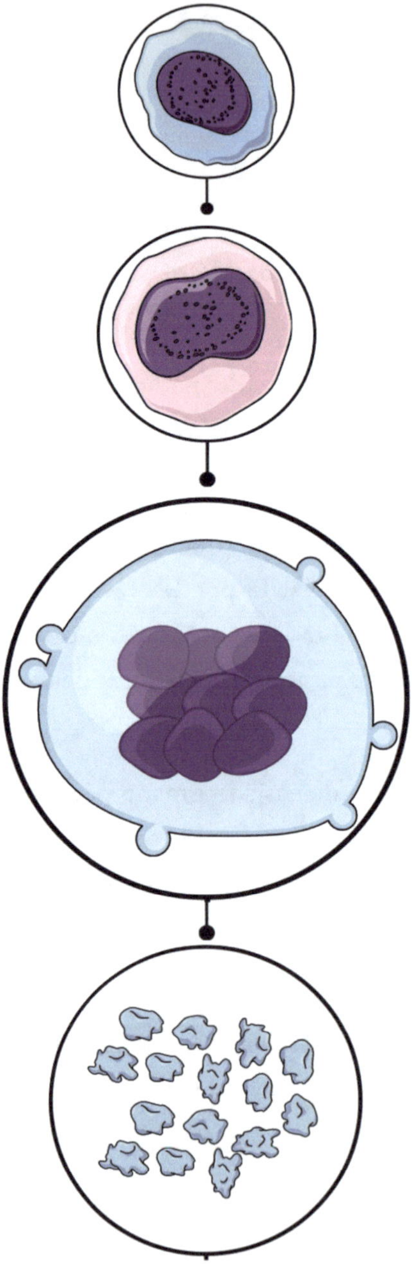

Fig. 146. Etapas de maduración en la megacariopoyesis.

12.1.2. Linaje linfoide

A este linaje celular pertenecen los linfocitos T, los linfocitos B y los linfocitos NK (células asesinas naturales). A diferencia de las células progenitoras mieloides que son capaces de generar varios precursores capaces de originar diferentes tipos de células, las células progenitoras linfoides únicamente son capaces de crear a un solo precursor que será el que origine las tres líneas celulares linfoides.

Linfocitos:

Cuando se trata de defensa, los linfocitos son, sin lugar a duda, los protagonistas. Su función es identificar y destruir invasores, así como dirigir y coordinar la gran mayoría de las acciones de defensa que emprende el cuerpo humano. Sus características principales son las siguientes:

Los linfocitos T nacen en la medula ósea pero migran al timo en donde concluyen sus etapas de maduración. Son responsables de reacciones de apoptosis inducida (asesinato celular), pues son capaces de identificar a las células infectadas o ajenas al organismo induciéndolas al suicidio o "asesinándolas" directamente. Los linfocitos T también producen señalizadores bioquímicos que regulan una gran cantidad de respuestas inmunitarias.

Los linfocitos NK son responsables de la inmunidad innata contra agentes infecciosos y células tumorales, ya que pueden reconocer alteraciones en las células y activarse para destruirlas. También son capaces de reconocer células que han sido marcadas con anticuerpos y destruirlas. Son más grandes que los linfocitos B y T y presentan gránulos esparcidos en su citoplasma

Los linfocitos B, al igual que macrófagos y células dendríticas, son células presentadoras capaces de capturar e internalizar microorganismos para fragmentarlos en trozos pequeños llamados antígenos. Estos trozos o antígenos son presentados en su membrana y reconocidos por las células T que activan a los linfocitos B para que se transformen en células plasmáticas. Las células plasmáticas, que podríamos considerar la última etapa de maduración de los linfocitos B, son las encargadas de producir y excretar anticuerpos. A simple vista los linfocitos B y T son idénticos, por lo que es necesario emplear técnicas más complejas que la microscopía para poder diferenciarlos.

Aunque las diferentes subpoblaciones de linfocitos parecen similares a simple vista, poseen marcadores en su membrana conocidos como grupos de diferenciación CD (por sus siglas en inglés: Cluster of differentiation) que nos permiten diferenciar entre tipos celulares e incluso entre diferentes etapas de maduración. Por ejemplo, algunos de los marcadores característicos de los linfocitos B son CD 19, 20 y 22; de los linfocitos T son CD 3, 4 y 8; y de las células NK son CD 16 y 56 (Fig. 147).

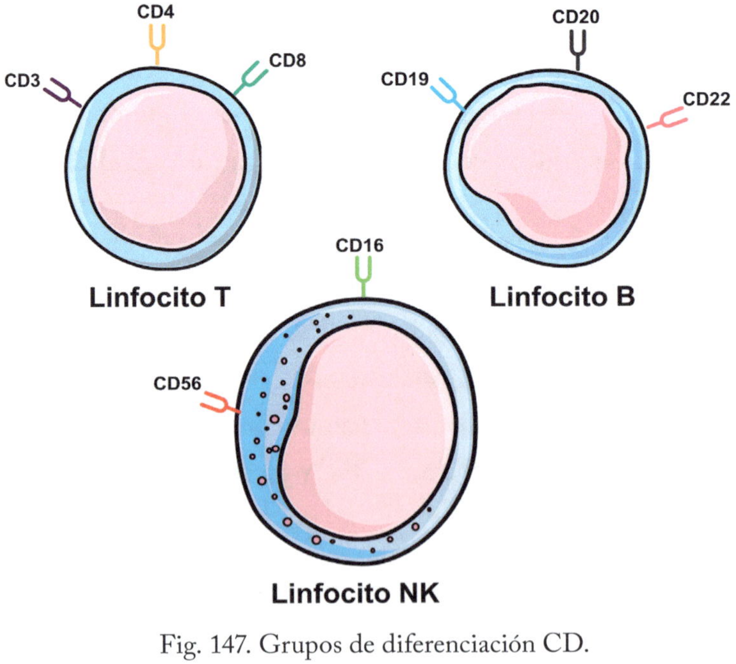

Fig. 147. Grupos de diferenciación CD.

El mecanismo empleado por el cuerpo humano para crear el linaje linfoide se conoce como linfopoyesis (Fig. 148).

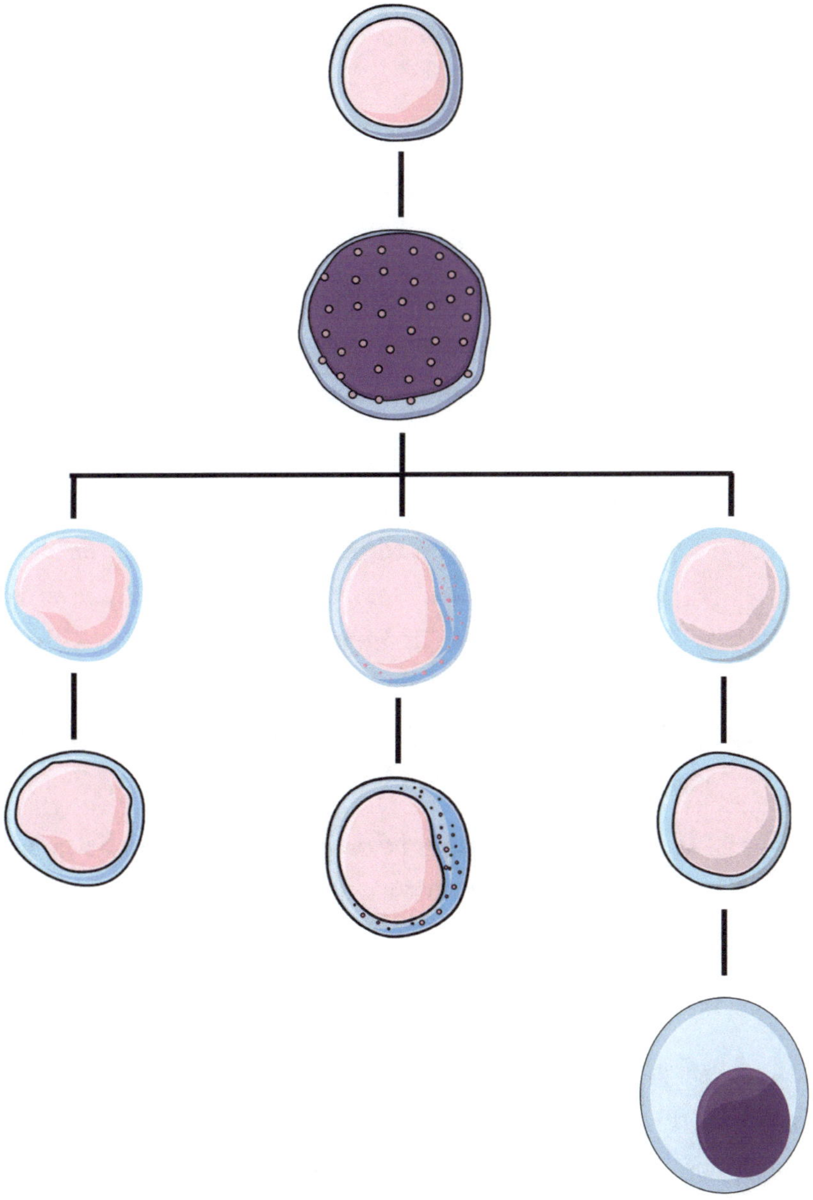

Fig. 148. Etapas de maduración en la linfopoyesis.

Este mecanismo se caracteriza porque algunas células de este linaje maduran tanto en la médula ósea como el timo y se lleva a cabo de la siguiente manera:

1. La célula madre hematopoyética se divide y da lugar a la célula progenitora linfoide.

2. La célula progenitora linfoide da origen al precursor común de todos los linfocitos: el linfoblasto. Esta célula es mucho más grande que los linfocitos maduros y presenta un citoplasma azulado con granulaciones.

3. Bajo la inducción de señalizadores bioquímicos específicos, el linfoblasto se puede dirigir a la producción de linfocitos B, linfocitos T o células NK, generando tres escenarios posibles:

    I. El linfoblasto se transforma en prolinfocito T. En esta etapa de maduración el prolinfocito T viaja al timo en donde se divide y madura, aprende a diferenciar lo propio de lo extraño y cuando están maduros abandonan el timo y se dirigen al sistema linfático. Es importante señalar que únicamente entre el 2% y el 4% de los linfocitos que se "entrenaron" en el timo salen de ahí; el resto fue incapaz de diferenciar lo propio de lo extraño y fue sacrificado.

    II. El linfoblasto se transforma en un prolinfocito B y permanece en la médula ósea hasta culminar su proceso de maduración.

    III. El linfoblasto se transforma en un prolinfocito NK que también termina de madurar en la médula ósea.

Ahora que ya conocemos las etapas de maduración que componen los mecanismos de producción de células sanguíneas y hemos comprendido las funciones que desempeña cada uno de los elementos formes de la sangre, podemos comenzar a describir con detalle los trastornos causados por la aparición de células cancerosas en el linaje sanguíneo.

12.2. Leucemias

Cuando se genera una mutación cancerosa en alguno de los precursores de células sanguíneas maduras y esta célula mutante comienza a expandirse clonalmente, es muy probable que se genere una leucemia.

Una vez que surge la leucemia, se iniciará una acumulación excesiva de células hematopoyéticas inmaduras, llamadas células blásticas o blastos, que obstruirán la médula ósea y diluirán el número de células maduras funcionales en sangre periférica.

Por conveniencia, las leucemias se clasifican como agudas y crónicas. Las leucemias agudas suelen ser de corta duración o de inicio rápido, mientras que las leucemias crónicas son de larga duración o de evolución gradual. Ninguno de los dos términos hace referencia a la gravedad de la enfermedad.

Las leucemias agudas se dividen en leucemia mieloide aguda (LMA) y leucemia linfoblástica aguda (LLA); las leucemias crónicas se dividen en leucemia mieloide crónica (LMC) y leucemia linfocítica crónica (LLC). Los términos leucemia mieloide y leucemia linfocítica hacen referencia al linaje celular en el que se presentó la mutación cancerosa.

12.2.1. Leucemia mieloide aguda (LMA)

La leucemia mieloide aguda se caracteriza por la transformación cancerosa de células inmaduras mieloides en la médula ósea. Estas células "transformadas" son incapaces de diferenciarse y madurar adecuadamente, dando como resultado la generación de una gran cantidad de blastos disfuncionales.

Dado que la hematopoyesis está organizada jerárquicamente, la transformación cancerígena puede surgir a cualquier nivel del linaje celular. Por lo tanto, la leucemia mieloide aguda puede surgir en una célula progenitora multipotente o en alguna de las células precursoras de los linajes eritroides, granulocíticos, monocíticos o megacariocíticos. En raras ocasiones la transformación cancerosa surge en la célula madre hematopoyética resultando en una leucemia híbrida, donde la célula leucémica puede mostrar características tanto linfoides como mieloides.

Si observamos la morfología de las células mieloides y sus precursores podremos darnos una idea de lo desastroso que sería sustituir células maduras altamente especializadas por sus precursores blásticos (Fig. 149).

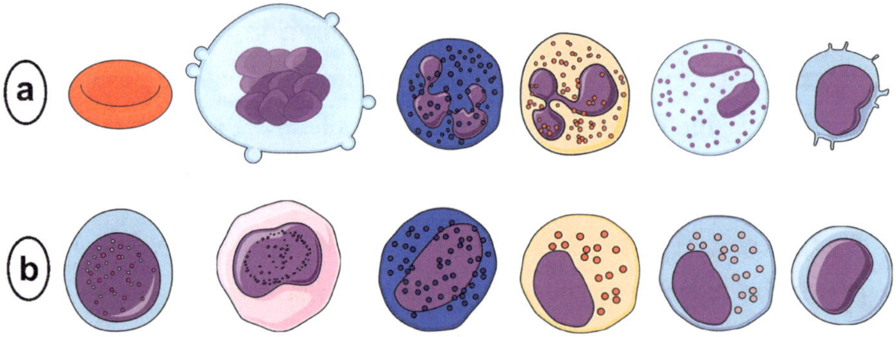

Fig. 149. Comparación entre las células maduras que se encuentran en un individuo sano (a) y los blastos que pueden estar presentes en un individuo con LMA (b).

Por ejemplo, para abastecer todos los tejidos con oxígeno son necesarios aproximadamente 25 billones de eritrocitos cargados con millones de partículas de hemoglobina que recorrerán cada centímetro de nuestro cuerpo repartiendo el oxígeno que se encuentra unido a la hemoglobina y recogiendo el dióxido de carbono que es desechado por las células. Esto se logra gracias a que la maduración le otorgó al eritrocito una membrana flexible y esponjosa que le permite elongarse y atravesar casi cualquier espacio. Pero si en lugar de tener billones de eritrocitos maduros, flexibles y llenos de hemoglobina, lo que tenemos son billones de eritroblastos grandes, rígidos y torpes transportando cantidades ínfimas de oxígeno por las bajas o nulas cantidades de hemoglobina que posee, es claro que tenemos un problema.

Existen varias formas de clasificar a la leucemia aguda, pero la más común es la clasificación Franco-Americana-Británica (FAB), nombrada así por la nacionalidad de los hematólogos que la describieron. Esta clasificación se basa en la apariencia del blasto que origina la leucemia y divide a la LMA en subtipos del M1 al M7, siendo los subtipos M1, M2 y M4 los más comunes.

M1 Leucemia mieloblástica aguda con maduración mínima. Dos tipos de blastos mínimamente diferenciados representan más del 90% del total de células blancas (no pertenecientes al linaje eritroide):

1. Los blastos de tipo I que carecen de gránulos.
2. Los blastos de tipo II que contienen gránulos.

M2 Leucemia mieloblástica aguda con células maduras. Del total de células blancas, entre el 30% y el 90% son blastos. Se encuentran células con maduración a etapas superiores.

M3 Leucemia promielocítica aguda. Las células de este subtipo son promielocitos muy granulados, aunque hay una variante de tipo llamada M3v que presenta células con muy pocas granulaciones.

M4 Leucemia mielomonocítica aguda. Este subtipo se caracteriza por la presencia de una gran cantidad de mieloblastos y monoblastos. Es común observar concentraciones elevadas de monocitos en médula ósea y sangre periférica. Una variante conocida como M4Eo se reconoce cuando más del 5% de las células blancas son eosinófilos inmaduros.

M5 Leucemia monocítica aguda. Se reconocen dos variantes del subtipo M5: M5a, en la que más del 80% de las células blancas son monoblastos, y M5b, en la que menos del 80% de las células blancas son monoblastos.

M6 Leucemia eritroide aguda. Se caracteriza por dos peculiaridades en sus células:

1. Más del 30% de las células blancas son blastos poco diferenciados con y sin gránulos.
2. Más del 50% de todas las células de la médula ósea son eritroblastos.

M7 Leucemia megacarioblástica aguda. En este subtipo se observan blastos inmaduros del linaje megacariocítico.

12.2.2. Leucemia linfoblástica aguda (LLA)

Este tipo de leucemia se caracteriza por la aparición de mutaciones en las células linfoides inmaduras. Esta mutación cancerosa obliga al blasto a expandirse clonalmente y conduce a una acumulación excesiva de linfoblastos cancerígenos en la médula ósea, el bazo y el hígado.

La clasificación más intuitiva y descriptiva para este tipo de leucemia es la propuesta por la OMS, ya que clasifica al linfoblasto con base en su homólogo normal de los linajes linfoides B o T. Además, los expertos de la OMS consideraron que, debido a la similitud biológica de la LLA y el linfoma linfoblástico, la elección de uno u otro término depende del daño a la médula ósea: cuando en la enfermedad existe menos del 25% de afectación de la médula, el diagnóstico es linfoma linfoblástico; cuando hay más del 25% de afectación de la médula, el diagnóstico es LLA.

Clasificación OMS de la LLA (simplificada):

1. Leucemia linfoblástica aguda de células B: es un tipo de leucemia de evolución rápida en el que se encuentra un gran número de linfocitos B inmaduros en médula ósea y sangre periférica. Si la afectación de la médula es menor al 25% no se le considera una leucemia, sino un linfoma linfoblástico (de acuerdo con esta clasificación).

2. Leucemia linfoblástica aguda de células T: es un tipo de leucemia de evolución rápida en el que se encuentra un gran número de linfocitos T inmaduros en médula ósea y sangre periférica. Si la afectación de la médula es menor al 25% no se le considera una leucemia, sino un linfoma linfoblástico (de acuerdo con esta clasificación).

La principal característica de los linfocitos maduros son los receptores y marcadores ubicados en la superficie de su membrana, ya que gracias a ellos son capaces de ejercer sus funciones de defensa. En las células blásticas la mayoría de estos receptores no se ha desarrollado, por lo que además de la obstrucción de la médula ósea que disminuye el recuento total de células sanguíneas, los pocos linfocitos que circulan en la sangre son en su mayoría blastos sin receptores incapaces de ejecutar sus funciones de defensa.

12.2.3. Leucemia mieloide crónica (LMC)

También conocida como leucemia granulocítica crónica, leucemia mielógena crónica y leucemia mieloide crónica. En este tipo de leucemia la proliferación obedece las pautas normales, de modo que las células leucémicas maduran de forma normal y responden adecuadamente a los señalizadores bioquímicos. Lo que sucede es que hay muchas más células de las que debería.

Una característica típica de esta enfermedad es el incremento en el número de granulocitos causado por divisiones celulares adicionales dentro de la jerarquía de la granulopoyesis. Sin una terapia eficaz la LMC conduce a una proliferación incontrolada, pérdida de diferenciación y pérdida de respuesta a los mecanismos de control normales. Esta fase de la LMC se denomina fase aguda o crisis blástica y típicamente se parece a la leucemia mieloide aguda (LMA). Se cree que la fase aguda es el resultado de la inestabilidad genética característica de las células cancerígenas, ya que los mecanismos de reparación se han dañado y se acumulan cada vez más mutaciones en células que ya de por sí son mutantes.

Las células madre hematopoyéticas sanas sobreviven en pacientes con LCM, pero al parecer se mantienen en un estado de reposo (fase G0) como respuesta a la proliferación excesiva de células con LMC. Sin embargo, en determinadas circunstancias se puede inducir la proliferación de estas células sanas proporcionando el fundamento para el autoinjerto (trasplante de células madre propias) como tratamiento para la LMC.

12.2.4. Leucemia linfoide crónica (LLC)

Esta enfermedad se caracteriza por la acumulación progresiva de linfocitos B mutantes principalmente en sangre periférica, médula ósea y ganglios linfáticos. Los ganglios linfáticos son tejidos especializados que se ubican a lo largo de los vasos linfáticos, filtran la linfa y están poblados por glóbulos blancos. En individuos con LLC es común observar ganglios linfáticos inflamados debido a la acumulación de linfocitos B malignos.

Los linfocitos B cancerosos de la LLC son morfológicamente indistinguibles de los linfocitos normales, pero son biológicamente inmaduros. Pueden identificarse porque además de sus marcadores normales CD19 y CD23 también poseen el marcador de superficie CD5 que normalmente solo se expresa en linfocitos T.

Dado que los linfocitos B son las células encargadas de producir anticuerpos, es común encontrar problemas inmunológicos en individuos con LLC ya que sus linfocitos B se encuentran dañados y dan lugar a infecciones bacterianas frecuentes y trastornos autoinmunitarios en los que su cuerpo produce anticuerpos que atacan a sus propios órganos.

En raras ocasiones, la LLC surge en un linfocito T en lugar de en un linfocito B. En este caso, la enfermedad se denomina leucemia linfocítica crónica de células T (LLC-T). Los individuos con este padecimiento a menudo presentan niveles bajos de glóbulos blancos (en contraste con los recuentos altos típicos de la leucemia linfocítica crónica de células B).

12.3. Linfomas

Los linfomas son un grupo heterogéneo de trastornos cancerígenos del sistema linfático. Se definen como un grupo de tumores que se desarrollan a partir de linfocitos y son considerados como "tumores sólidos" del sistema inmunológico. Debido a que estos cánceres se originan en el tejido linfático y a que este tejido se encuentra ampliamente distribuido en todo el cuerpo, el linfoma puede desarrollarse en cualquier parte.

Hay dos grandes subdivisiones de linfoma: linfoma de Hodgkin (LH) y linfoma no Hodgkin (LNH).

El linfoma de Hodgkin (LH) es un tipo de cáncer poco común con dos características que son únicas entre los cánceres humanos:

1. Rareza de las células malignas, son grandes células multinucleadas derivadas de linfocitos B conocidas como células de Hodgkin y Reed-Sternberg (HRS) (Fig. 150).

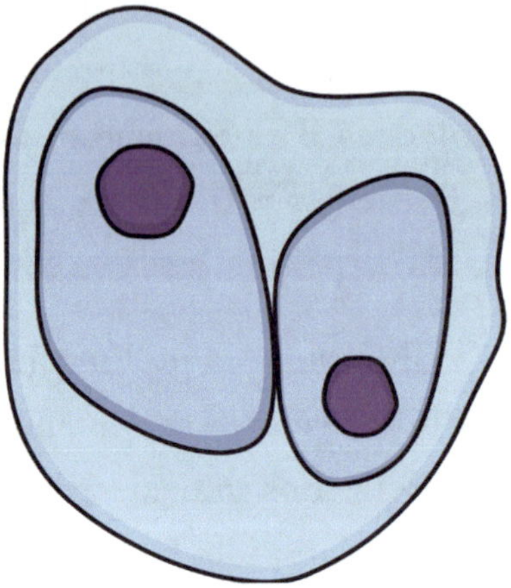

Fig. 150. Células de Hodgkin y Reed-Sternberg (HRS).

2. Los tumores están formados por una minoría de células HRS dispersas entre una mayoría de células sanas que incluyen eosinófilos, neutrófilos, linfocitos, macrófagos y células plasmáticas.

Este linfoma se ha convertido en uno de los tipos de cáncer más curables. Más del 80% de todos los pacientes se puede curar con un tratamiento adaptado al riesgo que incluye quimioterapia y radioterapia. Este hito científico se debe en buena medida al descubrimiento del grupo de diferenciación CD 30 que se expresa en alta densidad en células de Hodgkin y Reed-Sternberg haciendo posible crear anticuerpos adheridos a medicamentos que son dirigidos específicamente contra CD 30 y que al encontrarlo se unen de forma irreversible, liberan el medicamento y matan a la célula cancerígena.

Cuando el linfoma no contiene células de Hodgkin y Reed-Sternberg se clasifica como linfoma no Hodgkin (LNH). Este linfoma es una neoplasia maligna de tumores sólidos que surge a partir de mutaciones cancerígenas originadas en linfocitos B, T y NK que típicamente se infiltran en tejidos linfoides y hematopoyéticos (médula ósea, bazo y timo), pero también pueden extenderse a otros órganos. Cuando sucede una mutación cancerígena en alguna de las tres clases de linfocitos comienza la expansión clonal de la célula mutante aglomerándose y formando tumores que normalmente se localizan en los ganglios linfáticos.

12.4. Mieloma múltiple (MM)

Esta enfermedad surge a causa de mutaciones cancerígenas en las células plasmáticas. Es caracterizada por la expansión clonal de células plasmáticas mutantes presentes en la médula ósea y por la secreción de un solo tipo de anticuerpos anormales idénticos conocidos como anticuerpos monoclonales. Las células plasmáticas cancerígenas desplazan poco a poco a las células plasmáticas sanas dificultando enormemente la defensa del organismo, ya que son copias de la misma célula y producen un solo tipo de anticuerpo anormal único que no es capaz de identificar a los microorganismos invasores (Fig. 151).

La multiplicación descontrolada de células plasmáticas malignas y la producción de anticuerpos monoclonales en exceso ocasiona una disminución en el recuento de células sanguíneas normales, además de daños a tejidos sanos debido a que los anticuerpos monoclonales son incapaces de diferenciar lo propio de lo extraño y se unen aleatoriamente a células sanas destruyéndolas y generando entre otras cosas insuficiencia renal, anemia y lesiones óseas.

A pesar de que el MM es un tumor no sólido situado en la médula ósea, las mutaciones en las células plasmáticas cancerígenas aumentan la secreción de señalizadores bioquímicos que inducen la formación de nuevos vasos sanguíneos en la médula ósea proporcionando un flujo constante de nutrientes que alimentan a las células plasmáticas cancerígenas y les permite proliferar indefinidamente.

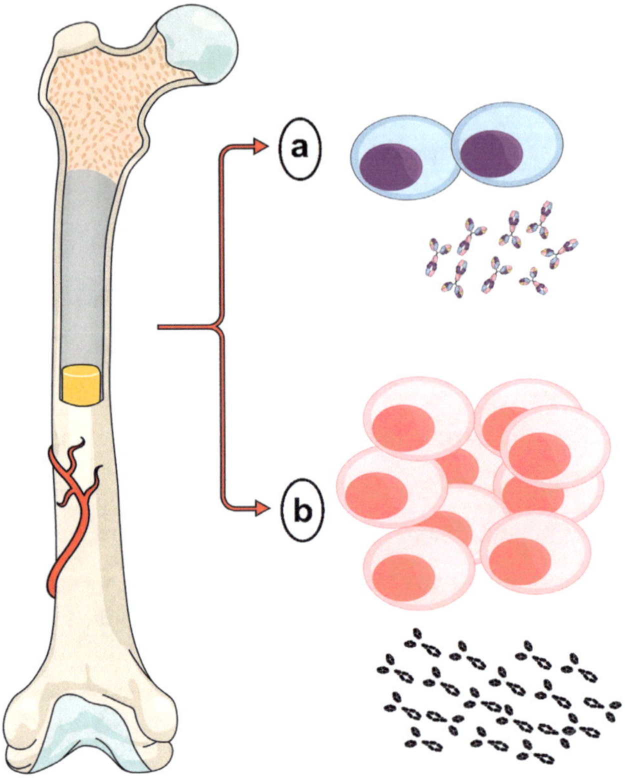

Fig. 151. a) Células plasmáticas sanas produciendo anticuerpos competentes y b) Células plasmáticas cancerígenas produciendo anticuerpos monoclonales incompetentes.

CAPÍTULO 13

Tratamiento

El tratamiento del cáncer requiere del esfuerzo conjunto de múltiples especialidades médicas. Aunque usualmente los médicos cirujanos son los primeros en atender a los pacientes con cáncer, la supervisión del caso por radioncólogos y oncólogos especializados es fundamental para asegurar que el paciente reciba un tratamiento adecuado. El desarrollo del tratamiento inicial debe basarse en un conocimiento profundo del beneficio potencial y las posibles toxicidades de cada componente del régimen del tratamiento. Con base en esto, los especialistas de las disciplinas pertinentes evaluarán los riesgos y beneficios de cada tratamiento a fin de diseñar una terapia integral apropiada.

El determinante principal que permite a los médicos diseñar un tratamiento es el diagnóstico histológico, es decir, el análisis de una muestra de tejido.

Tal y como se planteó en capítulos anteriores, los cánceres se presentan en formas patológicas diferentes, cada una con una estructura tisular característica. El patrón de progresión y el nivel de respuesta al tratamiento dependen de las características específicas de cada tipo de cáncer. Por lo tanto, el diagnóstico histológico, generalmente realizado mediante una biopsia, es de vital importancia para iniciar la planificación del tratamiento.

El siguiente paso en la planificación del tratamiento es determinar la extensión clínica de la enfermedad y, específicamente, si el tumor es curable mediante tratamiento local o requiere tratamiento sistémico. El proceso mediante el cual se determina la gravedad de la enfermedad se conoce como estadificación y requiere de estudios radiológicos y biopsias en lesiones sospechosas.

En cánceres localizados no metastásicos (que se mantienen en un solo tejido y aún no se diseminan por el cuerpo) las modalidades para la elección de la terapia definitiva varían en función del tamaño y ubicación del tumor, así como del tipo de tejido afectado. El tratamiento del linfoma de Hodgkin, por ejemplo, se basa en quimioterapia combinada (varios fármacos administrados simultáneamente), sin embargo, si el tamaño del tumor es demasiado grande y no retrocede a un ritmo aceptable, será necesario adicionar sesiones de radioterapia al tratamiento.

Para el cáncer metastásico (que ha invadido diferentes tejidos) el número y la ubicación de los tumores puede requerir múltiples intervenciones quirúrgicas además de radioterapia y quimioterapia sistémica. Por lo tanto, la determinación precisa de la ubicación y extensión de la enfermedad es fundamental para la planificación de la terapia inicial.

Además de la cirugía oncológica que en ocasiones permite la eliminación quirúrgica del tumor y el tejido que le rodea, existe una amplia gama de tratamientos disponibles para hacer frente a la enfermedad, sin embargo, en este capítulo describiremos los que han demostrado tener una mayor eficacia: quimioterapia, terapia dirigida, inmunoterapia y radioterapia.

13.1. Quimioterapia

Para comprender adecuadamente esta técnica es necesario aclarar los conceptos de fármaco, receptor farmacológico y su mecanismo de acción general.

Podríamos definir un fármaco como una partícula que tiene la capacidad de unirse a un receptor dentro o fuera de la célula y desencadenar una cascada de eventos que culminarán con el efecto terapéutico para el cual fueron diseñados. Por otra parte, un receptor farmacológico es una partícula que al unirse selectivamente a un fármaco es capaz de alterar el comportamiento celular. La unión del fármaco con su receptor se lleva a cabo de una forma muy similar a una proteína con su ligando uniéndose a través de un mecanismo tipo llave – cerradura, siendo el fármaco el análogo a una llave y el receptor análogo a una cerradura. La práctica de las funciones celulares se ejecuta a través de esta clase de mecanismos; los señalizadores bioquímicos que dirigen los procesos celulares son una especie de "llave" que se une a la "cerradura" que le es afín y al hacer "girar la llave" se envía una señal a la célula indicándole las acciones que debe ejecutar. Los fármacos imitan este comportamiento y usan "su llave" para "abrir el candado" del receptor y activar o desactivar funciones celulares (Fig. 152).

Fig. 152. Analogía fármaco – receptor y llave – cerradura. El fármaco funciona como una llave que se une a un receptor cuya combinación coincide; al unirse, el candado se abre y el efecto terapéutico se ejecuta.

De forma general, los fármacos ejercen su efecto a través de la ruta siguiente:

1. El fármaco es introducido en el organismo a través de una amplia variedad de vías de administración: oral, parenteral, transdérmica, oftálmica, inhalatoria, entre otras (Fig. 153).

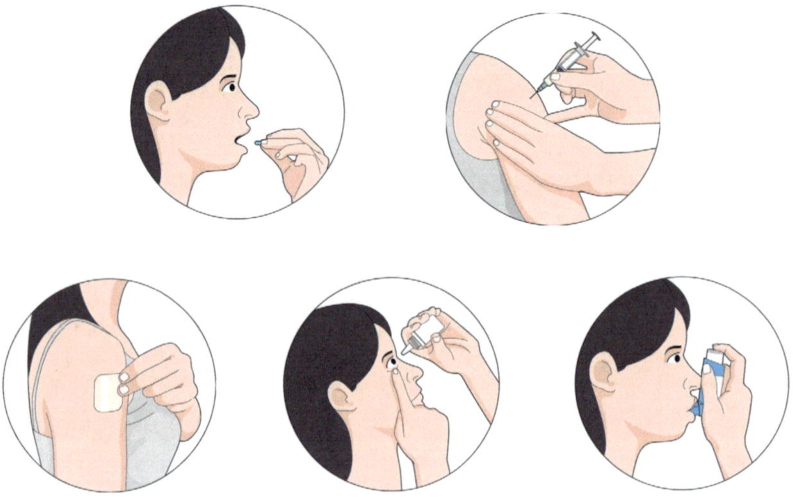

Fig. 153. Vías de administración de medicamentos.

2. Dependiendo de la vía de administración, el fármaco tomará diferentes rutas para llegar al sitio en el que se encuentra su receptor.

3. Cuando el fármaco se encuentra con su receptor usa su "llave" para "abrir la cerradura" del receptor e iniciar la cascada de acontecimientos que culminarán en el efecto terapéutico deseado.

4. El fármaco se separa del receptor para ser metabolizado, degradado y eliminado a través de las vías de excreción naturales del organismo como la orina, las heces, el sudor o las lágrimas.

La quimioterapia es un tratamiento que recurre al uso de fármacos con la finalidad de interrumpir el ciclo celular e inducir la destrucción de las células cancerígenas. Los fármacos empleados en la terapia contra el cáncer son conocidos como fármacos oncológicos y se clasifican en 5 familias principales: agentes alquilantes, antimetabolitos, antibióticos antitumorales, antimitóticos e inhibidores de la topoisomerasa.

Agentes alquilantes. Su mecanismo de acción se basa en la alteración de la estructura de las bases del ADN de las células cancerígenas de forma que no sean capaces de aparearse y, en consecuencia, el ADN se rompa y la célula muera. Debido a que los agentes alquilantes actúan sobre el ADN que ya ha sido sintetizado, es más probable que actúen en un punto del ciclo celular distinto de la fase S (que es la fase en la que se replica el ADN). Los miembros más representativos de este grupo son: Carmustina, Cisplatino, Ciclofosfamida, Busulfan y Dacarbazina.

Antimetabolitos. Estos agentes pueden destruir a las células cancerígenas de dos formas: pueden interferir en el proceso de creación de las bases de ADN evitando que la célula acceda a la "materia prima" necesaria para crear más ADN o pueden imitar la estructura de las bases de ADN engañando a la célula para que use a los fármacos como bases para crear ADN inestable que terminará colapsando. Estos fármacos actúan sobre ADN que está siendo sintetizado, por lo tanto, atacan a la célula cuando está en fase S. Los miembros más representativos de esta familia son: Metotrexato, Pentostatina, Tioguanina, Capecitabina y Citarabina.

Antibióticos antitumorales. Se les dio ese nombre debido a que los primeros fármacos de esta familia fueron producidos por microorganismos. Estos fármacos no necesitan que la célula esté dividiéndose activamente para poder ejercer su efecto, por lo tanto, son útiles en el tratamiento de tumores de lento crecimiento. Para ejercer su efecto hacen uso de dos mecanismos principales: 1. La generación de radicales libres que se encargan de destruir el ADN de la célula cancerosa y 2. Su capacidad para intercalarse entre bases apareadas de ADN impidiendo que la doble hebra de ADN se abra, evitando que la célula replique su ADN o sintetice el ARN necesario para crear proteínas. Los miembros más representativos de esta familia son: Dactinomicina, Mitomicina C, Mitoxantrona y Bleomicina.

Antimitóticos. Estos fármacos ejercen su efecto alterando los mecanismos de polimerización y despolimerización de los microtúbulos, impidiendo que se ensamble el huso mitótico y, por lo tanto, haciendo imposible que los cromosomas se alineen en el ecuador durante la metafase. Esto también reduce la capacidad de las fibras del huso para tirar de los cromosomas hacia los polos de la célula, lo que evita la progresión de la metafase a la anafase, impidiendo por completo el paso de la célula a través de la fase M del ciclo celular. Los miembros más representativos de esta familia son: Docetaxel, Paclitaxel, Vinblastina, Vincristina, Vinorelbina.

Inhibidores de la topoisomerasa. Para que el ADN se replique o genere ARN mensajero es necesario que la doble hebra se desenrede creando una horquilla que le permite a las polimerasas replicar y transcribir el ADN. Esta acción de enredar y desenredar el ADN es ejecutada por unas enzimas llamadas topoisomerasas. El mecanismo de acción de estos fármacos consiste en bloquear la actividad de estas enzimas evitando que el ADN se replique o transcriba y ocasionando la muerte de la célula. Los miembros más representativos de esta familia son: Irinotecan, Topotecan, Etopósido y Tenipósido.

Lo más común es combinar fármacos con mecanismos de acción diferentes, ya que de esta manera podemos atacar a las células cancerosas desde diferentes flancos, incrementando así la efectividad del tratamiento. Además, la terapia combinada permite prevenir o al menos ralentizar el desarrollo de resistencia farmacológica, situación que es muy común en células tumorales debido a su alta tasa de mutación.

La quimioterapia ha demostrado ser muy eficiente para destruir células cancerígenas, sin embargo, los fármacos utilizados no son capaces de diferenciar entre las células sanas de rápido crecimiento y las células tumorales. Como resultado, las células que mantienen una replicación celular constante como las de la médula ósea, del sistema digestivo y los folículos pilosos también son atacadas y destruidas generando los efectos adversos más conocidos: sistema inmunológico débil, náuseas y pérdida de cabello.

13.2. Terapia dirigida

Es un tratamiento similar a la quimioterapia, ya que también utiliza fármacos para tratar el cáncer, sin embargo, a diferencia de la quimioterapia que ataca indiscriminadamente células sanas y cancerosas, la terapia dirigida emplea fármacos cuyo receptor son oncogenes y proteínas mutantes expresadas exclusivamente en células cancerígenas. El fundamento de esta técnica se basa en el diseño de fármacos llamados agentes dirigidos, capaces de atacar las alteraciones genéticas necesarias para el crecimiento y la progresión del cáncer, evitando la supervivencia, el crecimiento y la diseminación de las células cancerosas.

Los agentes dirigidos pueden ser diseñados gracias a las siguientes características de las células cancerígenas:

- Las células cancerosas retienen algunas estructuras y propiedades fisiológicas normales de su contraparte sana, sin embargo, también expresan estructuras en su membrana llamados marcadores de diferenciación específicos de tejido que no se presentan en su contraparte sana y pueden usarse como receptores farmacológicos.

Algunos ejemplos son: CD20, CD52, receptor del factor de crecimiento epidérmico y receptores de hormonas esteroides.

- Las células cancerosas sobreexpresan algunos señalizadores y receptores bioquímicos cuya cantidad aumentada permite diseñar agentes dirigidos contra ellas. En este caso, es el incremento en la concentración de componentes celulares normales y no su alteración mutante lo que permite atacar selectivamente a las células malignas. Algunos ejemplos de receptores farmacológicos que se encuentran sobreexpresados en algunas células cancerígenas son: Her2/neu, CD117 y el factor de crecimiento endotelial vascular.

- Las mutaciones y, en especial, la fusión de genes inducen la formación de nuevas proteínas mutantes que pueden ser empleadas como receptores farmacológicos. Las proteínas fusionadas bcr - abl, FIP1L1-PDGFR⊠ y la variante mutante de EGF-R son algunos ejemplos de proteínas mutantes no fisiológicas que son atacadas por agentes dirigidos.

Gracias a las habilidades proporcionadas por las mutaciones, las células tumorales son capaces de secretar señalizadores bioquímicos que estimulan la creación de vasos sanguíneos, las esconden del sistema inmune y promueven su expansión clonal perpetua. Los agentes dirigidos destruyen las células tumorales al interferir con estas señales inhibiendo la creación de nuevos vasos sanguíneos, haciéndolas visibles para el sistema inmune y evitando su expansión clonal perpetua.

La mayoría de los agentes dirigidos son de dos tipos: anticuerpos monoclonales y fármacos de partículas pequeñas.

Anticuerpos monoclonales. Los anticuerpos son proteínas producidas por el sistema inmune, específicamente por la forma final del linfocito B (célula plasmática), diseñados para identificar y unirse irreversiblemente a una partícula específica llamada antígeno.

Los anticuerpos empleados como agentes dirigidos son similares a los anticuerpos generados por las células plasmáticas, pero a diferencia de éstos, los anticuerpos monoclonales son diseñados en un laboratorio con las características necesarias para detectar como antígeno a receptores y señalizadores bioquímicos involucrados en la progresión maligna del cáncer.

Debido a su gran tamaño, los anticuerpos monoclonales no pueden atravesar la membrana celular, por lo que la gran mayoría de los agentes dirigidos de tipo anticuerpo es diseñada con la intención de unirse a receptores anclados en la membrana celular. De esta forma, cuando el señalizador bioquímico encargado de activar a ese receptor se acerque, no podrá unirse, ya que habrá anticuerpos monoclonales bloqueando el sitio de unión al receptor.

Fármacos de partículas pequeñas. Como su nombre lo indica, son agentes dirigidos muy pequeñitos capaces de atravesar la membrana plasmática e ingresar dentro de la célula actuando sobre receptores y señalizadores bioquímicos intracelulares y extracelulares.

Ambos tipos de agentes dirigidos deben unirse a un receptor farmacológico para ejercer su efecto y, dependiendo del receptor al que se unen, pueden clasificarse dentro de tres familias principales: agentes dirigidos contra receptores de factores de crecimiento, agentes dirigidos contra cascadas de señalización intracelular y agentes inhibidores de la angiogénesis.

Agentes dirigidos contra receptores de factores de crecimiento. Los factores de crecimiento son señalizadores bioquímicos fundamentales para estimular la progresión del ciclo celular de la fase G1 a la fase de síntesis S. Si estos receptores están ausentes, la célula entra en fase G0 y detiene su replicación. Los agentes dirigidos de esta familia son anticuerpos monoclonales que se unen a los receptores del factor de crecimiento y los bloquean, por lo que, sin importar la cantidad de factor de crecimiento que se encuentre en el espacio extracelular, será imposible que estimulen la división de la célula ya que todos los receptores que interpretan su señal están bloqueados. Los miembros más representativos de esta familia son: Cetuximab, panitumumab y Rastuzumab.

Agentes dirigidos contra cascadas de señalización intracelular. El sistema de comunicación celular es una red de complejos mecanismos interconectados que a menudo implican receptores que se activan en secuencia, de modo que la unión del receptor con su ligando (a través del mecanismo llave – cerradura) envía una señal que activa otro receptor cuya activación activa a otro receptor y así sucesivamente. Este sistema de activación de receptores en cadena se conoce como cascada de señalización intracelular y es fundamental para coordinar las funciones de las células de un tejido con las de otro, las de las células del mismo tejido y para ajustar el funcionamiento del organismo con respecto a las condiciones ambientales externas.

Se ha encontrado que las mutaciones en los genes que codifican proteínas pertenecientes a la cascada de señalización conocida como MAPK (por sus siglas en inglés: Mitogen Activated Protein Kinases) están íntimamente relacionadas con la proliferación celular dentro de la masa tumoral. Los agentes dirigidos miembros de esta familia son fármacos de partículas pequeñas capaces de atravesar la membrana celular e inhibir la activación de uno de los receptores miembros de la vía MAPK, específicamente a la proteína B-Raf mutante. De esta manera, al inhibir a uno de los receptores miembros de la cascada, la cadena de activaciones se rompe y, en consecuencia, la célula no se replicará más.

El Sorafenib fue el primer miembro de esta familia en desarrollarse, sin embargo, demostró ser escasamente selectivo para unirse a B-Raf mutante y ahora se considera un inhibidor múltiple que ejerce su actividad principalmente inhibiendo a las proteínas encargadas de promover la creación de nuevos vasos sanguíneos en el tumor. Posteriormente se desarrolló Vemurafenib que resultó ser más efectivo para inhibir selectivamente a la variante mutante de B-Raf pero sin atacar a la variante normal de B-Raf presente en células sanas.

Agentes inhibidores de la angiogénesis. La angiogénesis tumoral es un proceso de varios pasos mediante el cual se forman nuevos vasos sanguíneos a partir de los ya existentes. Este proceso es fundamental no solo para alimentar al tumor con los nutrientes y los señalizadores bioquímicos que necesita para crecer y multiplicarse, sino porque los nuevos vasos sanguíneos constituyen una ruta de escape para que las células tumorales salgan del sitio del tumor primario, ingresen a la circulación sanguínea y viajen a otros órganos ocasionando metástasis.

En vista de la íntima relación entre la angiogénesis, el crecimiento del tumor y la metástasis, se comenzaron a diseñar agentes dirigidos contra las proteínas que estimulan la formación de nuevos vasos sanguíneos. Uno de los principales actores involucrados en la angiogénesis tumoral es la familia de proteínas VEGF (por sus siglas en inglés: Vascular Endothelial Growth Factor). La activación de las proteínas de la familia VEGF y la cascada de señalizaciones que origina su activación promueven la angiogénesis tumoral al reclutar "la maquinaria" y la "materia prima" necesaria para construir nuevos vasos sanguíneos. Este proceso celular incluye la proliferación, supervivencia, migración e invasión de células endoteliales, incremento de la permeabilidad de los vasos sanguíneos existentes y el reclutamiento de células precursoras vasculares. Los agentes dirigidos contra las proteínas de esta familia incluyen anticuerpos monoclonales como Bevacizumab, que se une a las proteínas VEGF modificando su forma y estructura e impidiendo que se unan a su receptor, inhibiendo así la angiogénesis. También se han desarrollado fármacos de partículas pequeñas como matinib y Sunitinib que bloquean a los receptores de las proteínas VEGF e inhiben indirectamente la angiogénesis; aunque exista VEGF funcional en el espacio extracelular, al estar sus receptores "apagados", aunque lo intenten no podrán activarlos.

A pesar de los excelentes resultados y la drástica disminución de los efectos secundarios que se consiguen con la terapia dirigida, la resistencia farmacológica sigue siendo un desafío difícil de superar. A causa de las frecuentes mutaciones que sufren las células tumorales, en ocasiones los genes que codifican receptores a los que se unen los agentes dirigidos sufren mutaciones y, en consecuencia, los receptores modifican su forma, carga y estructura, volviendo obsoletos los fármacos que funcionaban previamente. Además, aunque los tumores de distintos tejidos e individuos tienen algunas mutaciones en común, hay muchas otras que son exclusivas de un tipo específico de célula; incluso en el mismo tejido, pero en individuos diferentes, los tumores pueden tener un perfil mutacional diferente. A causa de estas mutaciones constantes y variantes, los agentes dirigidos no funcionan para todos los tipos de cáncer, sino solo para algunos muy particulares cuyas mutaciones han sido identificadas y se han diseñado fármacos específicos contra ellas.

13.3. Radioterapia

La radioterapia es una estrategia que emplea radiaciones ionizantes para destruir células cancerígenas. Sin embargo, antes de describir el mecanismo de acción anticancerígeno de esta terapia, es necesario introducir algunos conceptos básicos de la estructura atómica.

Un átomo es la unidad más pequeña de materia que existe. Su estructura consiste en un núcleo formado por dos tipos de partículas: los protones cargados positivamente y los neutrones que carecen de carga eléctrica.

Alrededor de este núcleo se encuentran “orbitando” partículas con carga negativa conocidos como electrones (Fig. 154).

Fig. 154. Representación didáctica del modelo atómico con un núcleo compuesto por neutrones (amarillo) y protones (naranja), con electrones (verde) “orbitando” alrededor.

Podríamos conceptualizar a los átomos como los bloques que construyen la totalidad de la materia conocida. Desde una simple roca hasta un aminoácido o una base de ADN, todo y todos estamos compuestos por distintos tipos y combinaciones de átomos. En la naturaleza los átomos no se encuentran solos, sino unidos a otros átomos formando lo que conocemos como moléculas. Las bases que forman el ADN, los aminoácidos, los señalizadores bioquímicos, las grasas que conforman la membrana celular, el agua en la que se encuentran inmersos y todos los componentes celulares son moléculas formadas por átomos de diferente tipo, identidad, forma y tamaño (Fig. 155).

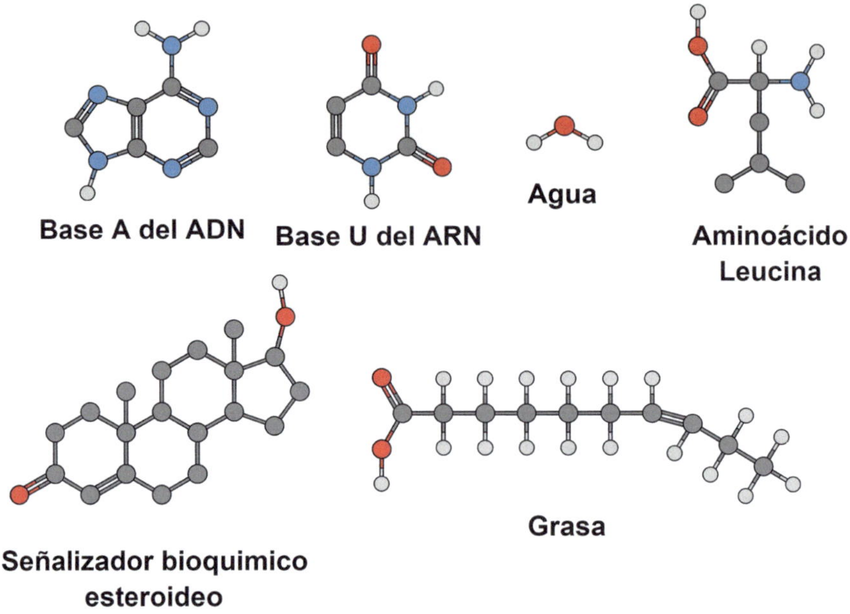

Fig. 155. Agrupación de átomos (esferas grises, azules, rojas y blancas) para formar moléculas orgánicas.

El átomo más sencillo es el átomo de hidrógeno, ya que únicamente posee un protón en su núcleo y un electrón "orbitando" a su alrededor. Por otro lado, el átomo natural más complejo es el átomo de uranio, con 92 protones en su núcleo y 92 electrones "orbitando alrededor". La diferencia entre los distintos tipos de átomos radica esencialmente en el número de protones que posee, por lo que agregar o sustraer protones del núcleo cambiará la identidad del átomo. Por ejemplo, si tomamos un átomo de carbono que posee 6 protones y le agregamos un protón a su núcleo, lo estaríamos transformando en un átomo de nitrógeno (con 7 protones); pero si a ese mismo átomo de carbono (con 6 protones) le sustraemos un protón, lo transformaríamos en un átomo de boro (con 5 protones) (Fig. 156).

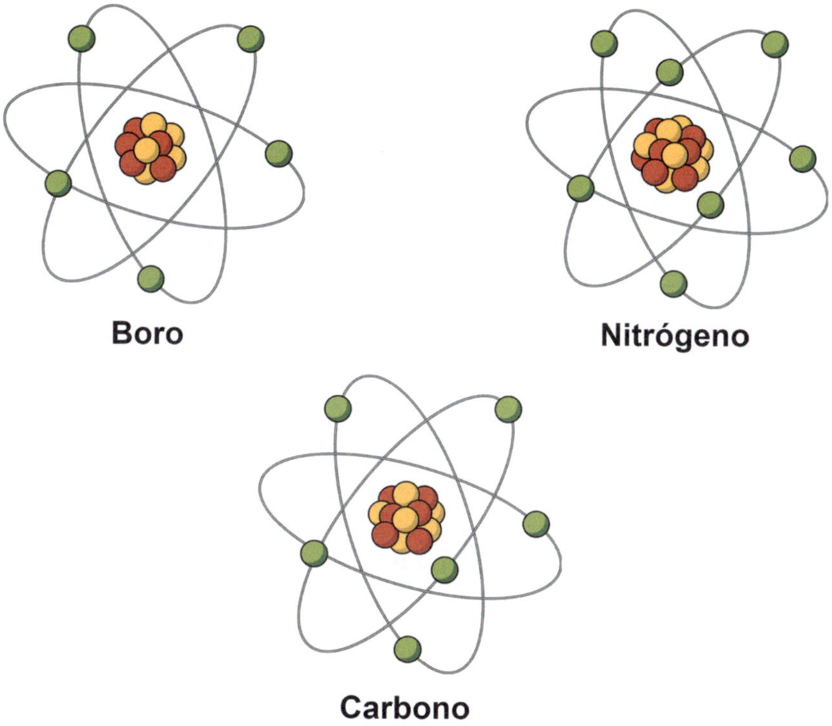

Fig. 156. Representación didáctica de la estructura atómica del Boro (con 5 protones y 5 electrones), Carbono (con 6 protones y 6 electrones) y Nitrógeno (con 7 protones y 7 electrones).

Pero si en lugar de variar el número de protones variamos el de electrones, lo que obtendremos será un átomo con carga eléctrica conocido como ion. Los átomos naturalmente tienden a mantener una carga eléctrica neutra, pero en su forma iónica pueden tener carga positiva (si se restan electrones) o negativa (si le sumamos electrones). Es importante aclarar que una modificación en el número de electrones de un átomo no cambia su identidad, sino que le confiere carga eléctrica. Por ejemplo, si a un átomo de carbono le agregamos un electrón a su órbita crearemos un átomo de carbono con carga negativa pero que conserva su identidad como carbono porque se ha mantenido constante su número de protones (Fig. 157).

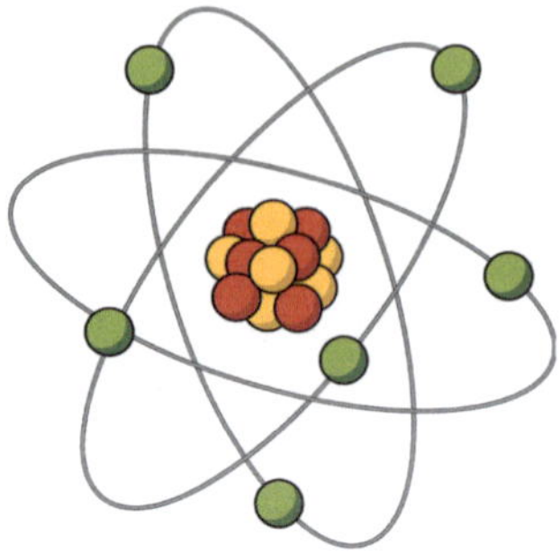

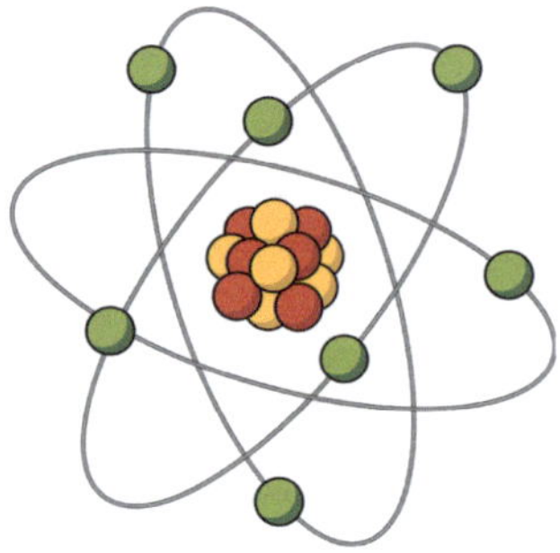

Fig. 157. Representación didáctica de la estructura atómica del átomo de carbono en su forma neutra (6 electrones) y en su forma iónica con carga negativa (7 electrones).

En cuanto al número de neutrones en un átomo, es posible variarlo sin cambiar su identidad dando lugar a lo que se conoce como formas isotópicas del mismo átomo. Por ejemplo, el átomo de carbono puede presentarse en 4 formas isotópicas: carbono 11 (6 electrones + 5 neutrones + 6 protones), carbono 12 (6 electrones + 6 neutrones + 6 protones), carbono 13 (6 electrones + 7 neutrones + 6 protones) y carbono 14 (6 electrones + 8 neutrones + 6 protones). El incremento o reducción del número de neutrones no modifica la identidad del átomo, ya que su identidad depende estrictamente del número de protones que posea. Por ejemplo, si a un átomo de carbono 12 (con 6 protones y 6 neutrones) se le añade un protón a su núcleo lo estaríamos transformando en un átomo de nitrógeno (con 7 protones); pero si en lugar de un protón le añadimos un neutrón, lo estaríamos transformando en un isótopo de carbono 13 (con 6 protones y 7 neutrones) (Fig. 158).

Carbono 12

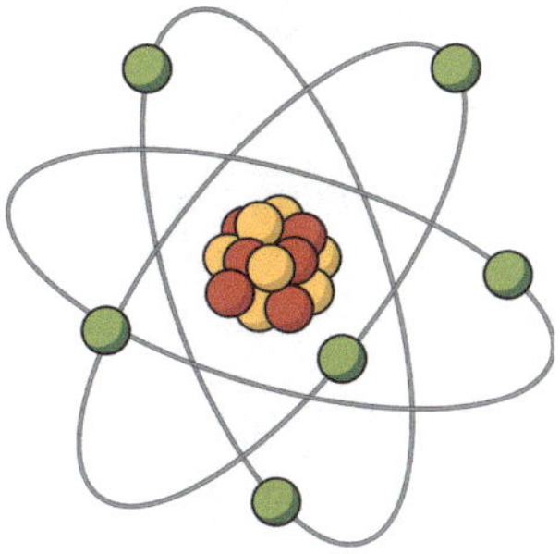

Carbono 13

Fig. 158. Representación didáctica de la estructura atómica del átomo de carbono 12 (6 protones, 6 neutrones y 6 electrones) y su isótopo, el átomo de carbono 13 (6 protones, 7 neutrones y 6 electrones).

La estabilidad del núcleo atómico depende directamente del número de neutrones que posea. Un número mayor o menor del requerido genera "estrés nuclear" y obliga al átomo a reordenar su núcleo para estabilizarse.

La estabilidad se consigue expulsando neutrones o protones del núcleo, transformando un neutrón en un protón o viceversa o absorbiendo partículas cercanas (por ejemplo, un electrón). Cuando un átomo inestable sufre "estrés nuclear" y reordena su núcleo se emite radiación y el átomo se considera radiactivo. Los núcleos de átomos radiactivos pueden emitir tres tipos de radiación: desintegración alfa, desintegración beta y radiación gamma.

Desintegración alfa. Esta radiación está compuesta por paquetes de 2 protones y 2 neutrones conocidos como partículas alfa. Al ser relativamente pesadas y con carga eléctrica positiva (por contener 2 protones), las partículas alfa no son capaces de atravesar el tejido humano. Por ejemplo, las partículas alfa emitidas por el átomo de radio solo atraviesan 0.004 cm de la piel humana.

Desintegración beta. Cuando el núcleo atómico transforma un neutrón en un protón o un protón en neutrón emite unas diminutas partículas llamadas partículas beta. Al ser mucho más pequeñas y ligeras que las partículas alfa, son capaces de atravesar la piel humana e irradiar el tejido superficial subyacente.

Radiación gamma. Son ondas electromagnéticas emitidas por los núcleos atómicos radiactivos y no contienen partículas, sino "energía pura" capaz de atravesar todo el cuerpo humano. Debido a su alta penetrabilidad, este tipo de radiación es una de las más utilizadas en el tratamiento del cáncer por radioterapia.

Además de la radiación emitida por partículas nucleares (neutrones y protones), también es posible emitir radiación empleando electrones. Esto se consigue disparando un haz de electrones contra un objetivo metálico pesado que, al ser golpeado, emite un tipo de radiación conocida como rayos X. Los rayos X, al igual que los rayos gamma, son radiaciones electromagnéticas que no están compuestas por partículas como protones, neutrones o electrones, sino por energía pura. Podría decirse que se trata de luz de alta potencia capaz de atravesar la materia e infundirla con una gran cantidad de energía.

Tanto la radiación electromagnética (rayos X y rayos gamma) como la radiación corpuscular (compuesta por partículas como protones y neutrones) son conocidas como radiaciones ionizantes porque tienen una potencia energética tal que son capaces de arrancar los electrones de la órbita de los átomos sobre los que inciden generando iones. La radioterapia aprovecha esta capacidad para crear iones y los usa para destruir células cancerígenas desde adentro.

Cuando la radiación empleada durante la radioterapia incide sobre la célula cancerígena se generan iones y, al ser el agua la molécula más abundante dentro de la célula, se generan mayoritariamente iones de agua que, a través de una compleja secuencia de reacciones químicas, terminan generándose radicales libres.

La peligrosidad de los radicales libres radica en la elevada inestabilidad de sus electrones. Para estabilizarse, los radicales libres "arrancan electrones" de otras moléculas como el ADN o las grasas de la membrana con el único fin de recuperar su estabilidad perdida. Pero las moléculas a las que el radical libre "les arrancó un electrón" se convierten en nuevos radicales libres que seguirán "arrancando electrones" a otras moléculas y generando nuevos radicales libres que destruirán a la célula cancerígena desde adentro (Fig. 159).

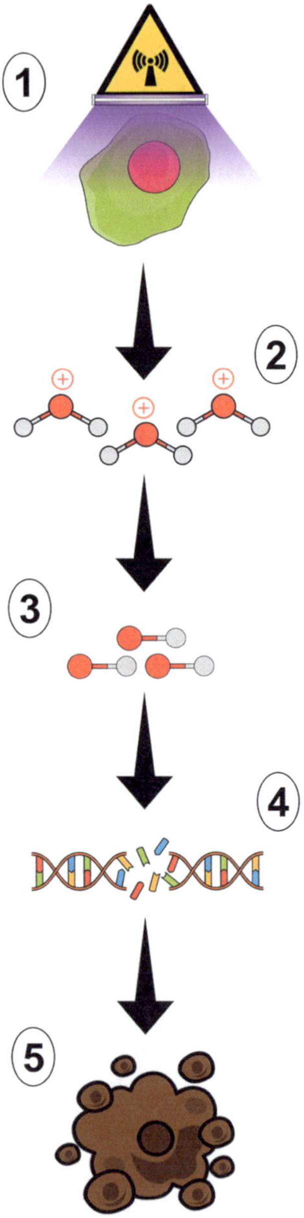

Fig. 159. Mecanismo de destrucción de células cancerígenas a través de radioterapia: 1. Radicación de células tumorales, 2. Formación de iones de agua, 3. Generación de radicales libres, 4. Destrucción del ADN de la célula tumoral y 5. Muerte de la célula cancerígena.

La muerte celular, como resultado de la radioterapia, puede llevarse a cabo a través de cuatro mecanismos: inducción de la apoptosis, catástrofe mitótica, necrosis y senescencia.

Inducción de apoptosis. Las lesiones ocasionadas a la célula por la ionización y la formación de radicales libres generan ampollas en la membrana celular, fragmentan el ADN y obligan a la célula a inducir su propia muerte.

Catástrofe mitótica. Este tipo de muerte celular ocurre durante la división celular y es causada por una mala separación de los cromosomas que conduce a la formación de células gigantes con varios núcleos que son incapaces de reproducirse y mueren. Después de la irradiación, la mayoría de las células cancerígenas de tumores sólidos muere a través de este mecanismo.

Necrosis. Como resultado de la radiación, las células se hinchan, la cromatina se dispersa, los organelos se desintegran, las mitocondrias se inflaman y se rompe la membrana plasmática, ocasionando la pérdida subsecuente del contenido intracelular.

Senescencia. Las células senescentes han perdido permanente la capacidad para dividirse. Son células viables pero no se dividen, se detienen para sintetizar ADN, se agrandan, se aplanan y luego mueren principalmente por apoptosis.

Existe un riesgo asociado al uso de esta terapia y se conoce como "testigos inocentes". Los órganos y tejidos sanos cercanos a la zona irradiada también reciben altas dosis de radiación debido a la falta de selectividad inherente a la técnica per se, ya que resulta muy difícil dirigir la radiación a la zona del tumor sin dañar a las células sanas adyacentes.

El riesgo más significativo que conlleva la radiación de células sanas son las mutaciones que sufren en su ADN y que pueden transformarlas en células cancerígenas capaces de originar un cáncer secundario por radioterapia. Afortunadamente han sido desarrolladas técnicas selectivas que reducen significativamente el número de "testigos inocentes" irradiados. Las técnicas más relevantes son: radioterapia conformada 3D, radioterapia de intensidad modulada, radioterapia corporal estereotáctica y radioterapia con haz de protones.

Radioterapia conformada 3D. Emplea tomografías computarizadas para crear una imagen tridimensional del tumor y mejorar la precisión del haz que administra la radiación. El objetivo es administrar radiación al volumen tumoral bruto (la masa tumoral macroscópica) con un margen para la extensión microscópica del tumor llamado volumen objetivo clínico y un margen adicional de incertidumbre del movimiento del órgano y variaciones de configuración llamado volumen objetivo de planificación.

Radioterapia de intensidad modulada. Se basa en el uso de software y potentes computadoras para crear dosis de radiación de intensidad modulada que se adaptan a la forma y tamaño del tumor permitiendo una administración muy precisa y reduciendo al máximo los testigos inocentes. Las dosis variables de radiación se administran empleando un acelerador lineal con colimadores multiláminas que permiten dar forma a los haces de radiación que se disparan hacia el tumor.

Radioterapia corporal estereotáctica. Esta técnica también emplea imágenes tridimensionales del paciente para localizar la forma y ubicación precisa del tumor para posteriormente administrar dosis altas y muy localizadas de radiación en un número menor de sesiones de las que serían necesarias con métodos de radioterapia alternativos. Debido a la alta dosis de radiación, es probable que se dañe el tejido inmediatamente adyacente al tumor. Sin embargo, como la cantidad de tejido normal en la región de dosis alta es pequeña, la toxicidad clínicamente significativa es baja.

Radioterapia con haz de protones. Este tipo de radiación corpuscular es la forma más novedosa y altamente efectiva de radioterapia. Los haces de protones permiten una mejor distribución de la dosis de radiación gracias a su perfil de absorción único en los tejidos, conocido como pico de Bragg, que permite la administración de la máxima energía destructiva en el sitio del tumor y minimiza el daño a testigos inocentes a lo largo de su trayectoria, ya que es posible regular la intensidad de los rayos de tal forma que los haces se detengan en el tumor y no avancen hacia tejido sano. Se emplean principalmente en tumores pediátricos y en tumores de adultos ubicados cerca de estructuras críticas como tumores de la médula espinal y de la base del cráneo, donde la preservación máxima del tejido normal es crucial.

Estas nuevas técnicas de tratamiento junto con las mejoras en la tecnología de la radiación y el diseño de imágenes tridimensionales mantienen a la radioterapia como una de las herramientas más efectivas para tratar el cáncer.

13.4. Inmunoterapia

Todos nosotros hemos tenido células cancerígenas en nuestro cuerpo, ya sea por errores cometidos por las ADN polimerasas o por la exposición a radiaciones, radicales libres o algún otro agente mutagénico. Sin embargo, es claro que en la mayoría de los casos estas células no consiguen proliferar hasta convertirse en una masa tumoral. Esto se debe a que nuestro sistema inmunológico ha desarrollado una compleja serie de mecanismos para detectar y erradicar células cancerosas. Este fenómeno ha sido respaldado experimentalmente y ha dado lugar a la teoría de la inmunovigilancia. De forma general, esta teoría sostiene que las células cancerígenas se generan frecuentemente en nuestro organismo y que son normalmente eliminadas por el sistema inmune. Hay cinco evidencias que apoyan la teoría de que el sistema inmunológico responde exitosamente al cáncer:

1. Los seres humanos con defectos genéticos en su sistema inmune tienden a ser más susceptibles al cáncer que aquellos con un sistema inmunológico sano.

2. La supresión intencional del sistema inmune para evitar el rechazo a trasplantes incrementa considerablemente la supervivencia de las células cancerígenas.

3. Algunos pacientes con cáncer presentan alteraciones clínicas independientes a los efectos locales derivados de la presencia del tumor maligno. En algunos casos, estas manifestaciones clínicas, conocidas como síndromes paraneoplásicos, se originan por los intentos del sistema inmune de atacar a las células tumorales. Por ejemplo, los pacientes con cáncer de pulmón pueden desarrollar trastornos en el sistema nervioso central debido a las respuestas inmunitarias a ciertas proteínas compartidas por las células de cáncer de pulmón y las células del sistema nervioso central. Este fenómeno se conoce como reactividad cruzada y es una prueba evidente de que el sistema inmune ataca a las células cancerígenas, ya que incluso puede atacar por error a células sanas que comparten las mismas proteínas que los tumores.

4. Infiltración de células inmunológicas dentro del tumor. Biopsias de tejido tumoral han demostrado que existen células inmunológicas dentro del tumor indicándonos que el sistema inmune está tratando de destruir a las células tumorales.

5. El éxito de las terapias inmunológicas para tratar el cáncer proporciona evidencia clara de que tenemos respuestas inmunes naturales al cáncer, pero a veces no funcionan tan bien como deberían. Sin embargo,

una vez que "les damos un empujón" harán un excelente trabajo combatiendo el cáncer.

Para defendernos de amenazas externas (microorganismos) o internas (células cancerígenas), nuestro sistema inmune cuenta con dos líneas de defensa que difieren en su especificad de reconocimiento y velocidad de respuesta. La primera se llama respuesta inmune innata, que carece de una especificidad precisa en el reconocimiento de sus objetivos pero tiene una respuesta rápida a ellos. La segunda se llama respuesta inmune adaptativa, caracterizada por una especificidad muy alta en el reconocimiento de sus objetivos pero requiere periodos de tiempo prolongados para prepararse y luchar contra ellos.

13.4.1. Respuesta inmune innata

Con una respuesta rápida y eficiente, la respuesta inmune innata representa la primera línea de defensa que las amenazas externas (microorganismos) e internas (células tumorales) deben cruzar para atacar a nuestro organismo. Las células inmunitarias innatas reconocen a sus objetivos basándose en patrones de partículas expresadas en la membrana de las células y de los microorganismos. Una analogía que permite comprender la forma en que el sistema inmune reconoce lo propio de lo ajeno es la de un código de barras y su lector. Las células del sistema inmune poseen algo similar a "un lector de códigos de barras" que escanea constantemente "los códigos de barras" presentes en la superficie de las células que encuentre a su paso. Cuando leen el código de células sanas propias, la señal que recibirán dirá "¡es aliado, déjalo ir!", mientras que la lectura de la superficie de células cancerosas, células trasplantadas, células infectadas o microorganismos libres en el espacio extracelular dirá "¡es enemigo, atácalo!

Los protagonistas de la respuesta inmune innata son los macrófagos y las células NK.

Los macrófagos son grandes células devoradoras encargadas de eliminar de los tejidos a las células muertas y microorganismos invasores. En condiciones normales, los macrófagos se encuentran "dormidos", pero una vez que son "despertados" por señales ambientales se infiltran profundamente en los tejidos del tumor y destruyen a las células tumorales mediante la producción de sustancias tóxicas o devorándolas directamente (las fagocitan). Sin embargo, recordemos que, en ocasiones, las mutaciones que transforman a las células sanas en células cancerígenas proporcionan una especie de "escudo de invisibilidad" que las protege del sistema inmune. Uno de los mecanismos que las células tumorales desarrollan para evitar ser devoradas por macrófagos es la modificación del "código de barras" de su superficie, para que cuando el macrófago lo "lea" en vez de decir "es enemigo, atácalo" diga "es aliado, déjalo ir". Una estrategia empleada por las células tumorales para modificar su "código de barras" y engañar a los macrófagos es la expresión del receptor CD47 en su membrana. Cuando el macrófago interactúa con este receptor recibe una señal que dice "no me comas, sigue tu camino", y el macrófago obedece porque está programado para acatar las órdenes del receptor CD47.

A diferencia de los macrófagos dormilones, las células NK están siempre alerta, circulando constantemente a través del torrente sanguíneo en busca de amenazas y son la defensa más temprana contra células tumorales metastásicas que se han desprendido del tumor primario y viajan por el torrente sanguíneo en busca de nuevos tejidos en donde desarrollar tumores secundarios.

Las células NK también poseen un "lector de códigos de barras" con el que escanean constantemente células de todo el cuerpo en busca de anormalidades; a diferencia de los macrófagos que buscan "códigos de barras" alterados, las NK se enfocan en buscar células sin "código de barras", es decir, buscan células tumorales con "escudo de invisibilidad" y al encontrarlas las destruyen. Aunque la habilidad de las NK para "ver" a través del "escudo de invisibilidad" de las células tumorales es extraordinaria, tiene varias limitaciones. La primera es que solo pueden detectar células tumorales sin "código de barras", obviando a las que sí lo presentan pero lo han modificado; la segunda es que existe un número limitado de NK en torrente sanguíneo, ya que solo el 10% de los linfocitos totales son células NK; la tercera es que algunas células tumorales desarrollan la capacidad de secretar sustancias inmunosupresoras que inhiben a las NK.

13.4.2. Respuesta inmune adaptativa

Cuando la primera línea de defensa falla, se activa la segunda línea conocida como inmunidad adaptativa. A diferencia de la inmunidad innata, la respuesta adaptativa es más lenta, muy específica y tiene memoria, por lo que después del primer encuentro con la amenaza brindará protección de por vida. Hay dos subpoblaciones principales de células inmunitarias adaptativas: células T y células B, también llamadas linfocitos T y linfocitos B. El lector de "código de barras" de estas células es más pequeño y sofisticado que el de las células innatas, por lo que necesitan un contacto muy estrecho célula a célula para "ver" claramente si se trata de un amigo o un enemigo. Para poder identificar a sus objetivos reciben ayuda de las células presentadoras de antígenos como los macrófagos o las células dendríticas que devoran a la amenaza, la trituran en pequeños fragmentos (antígenos) y se los presentan en su membrana. Se podría decir que las células inmunes adaptativas tienen muy "mala vista" y requieren que las presentadoras de antígenos les muestren de cerca fragmentos de la amenaza para que puedan iniciar su respuesta frente a ellas (Fig. 160).

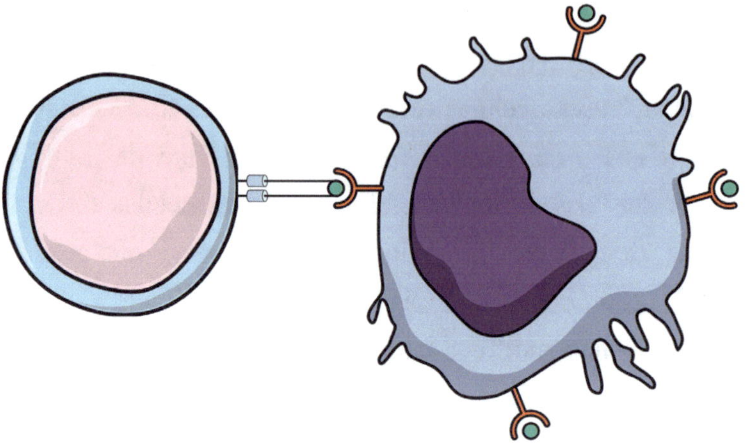

Fig. 160. Macrófago presentando un antígeno a un linfocito T.

A pesar de tener "mala vista", una vez que se acercan para "ver y tocar" a la amenaza usan su sofisticado lector de "códigos de barras" para buscar cambios minúsculos en el antígeno que observan, diferenciando lo propio de lo extraño con una eficiencia y especificidad mucho mayor a la conseguida por la respuesta innata. Cabe destacar que los linfocitos B también son células presentadoras de antígenos capaces de identificar directamente a la amenaza y activarse de forma independiente. Sin embargo, la respuesta inmune conseguida mediante la presentación de antígenos por parte de los macrófagos o células dendríticas es mucho más potente que la conseguida por la activación independiente de los linfocitos B.

La inmunidad adaptativa se divide en dos clases: la inmunidad celular en la que participan los linfocitos T y la inmunidad humoral desarrollada principalmente por los linfocitos B.

La inmunidad celular es ejecutada por dos subtipos de linfocitos T: los linfocitos T CD4 y los linfocitos T CD8. Los linfocitos T CD8 también llamados linfocitos T citotóxicos son los principales asesinos de tumores porque cuando se acercan lo suficiente y están seguros de estar frente a una célula tumoral pueden destruirla empleando dos mecanismos: cavando un agujero en las células cancerosas e inyectando enzimas que disuelven sus componentes internos o empleando señalizadores bioquímicos que obligan a la célula tumoral a inducir su apoptosis. En cuanto a las células T CD4, su función principal es producir señalizadores bioquímicos llamados citocinas. La función de estos señalizadores es enviar mensajes al resto de células inmunes para activarlas y regular sus acciones durante una respuesta inmune. Una de las citocinas más importantes secretadas por los linfocitos T CD4 es el interferón gamma, ya que además de activar a los macrófagos que se encontraban "dormidos" también es capaz de inhibir el crecimiento de las células tumorales.

En la inmunidad humoral, los linfocitos B no destruyen a las células tumorales directamente sino que lo hacen a distancia a través de anticuerpos. Para iniciar la producción de anticuerpos, los linfocitos B deben activarse y transformarse en células plasmáticas. Esta activación puede darse de forma independiente mediante el contacto directo del linfocito B con el antígeno de la célula tumoral o con ayuda de los linfocitos T CD4 que liberan citocinas que inducen la proliferación y diferenciación en linfocitos B en células plasmáticas. Una vez que los linfocitos B se han transformado en células plasmáticas comienzan la producción a gran escala de anticuerpos específicos contra los antígenos tumorales. Cuando los anticuerpos se encuentran con el tumor que posee este antígeno en su membrana se unen a él destruyéndolo por dos posibles mecanismos:

1. Actuando como una marca que atrae a las células de la inmunidad innata indicándoles que deben destruir a la célula marcada.

2. Activando la vía del complemento. El complemento es un conjunto de proteínas que se encuentran disueltas en la sangre y que, al identificar

un anticuerpo unido a una célula, se agrupan para formar hoyos en la membrana de la célula marcada haciendo que se “desinfle” y muera.

Entonces, si nuestro sistema inmune posee poderosas herramientas capaces de defendernos contra el cáncer, ¿por qué algunos de nosotros desarrollamos cáncer como enfermedad?

La primera explicación que nos podría venir a la mente es que llega un punto en el que las células cancerosas se han multiplicado tanto que superan en número a las células inmunes y por eso pierden constantemente las batallas. Sin embargo, se ha observado que incluso cuando las células inmunes superan en número a las células cancerígenas, las células inmunes son destruidas o suprimidas en el sitio del tumor.

Investigaciones recientes han demostrado que el culpable sigue teniendo el mismo nombre: mutaciones.

Las mutaciones aleatorias y constantes que se acumulan replicación tras replicación le proporcionan a la célula tumoral la habilidad para adaptarse y evolucionar a un ritmo que nuestro sistema inmune simplemente no puede seguir. Pero, ¿cómo consiguen las células cancerígenas suprimir el sistema inmune?, ¿cuál es el mecanismo que impide al sistema inmune emplear todo ese arsenal que es más que suficiente para ganar la guerra?

Todo parece indicar que llega un punto en que las mutaciones otorgan a las células tumorales la habilidad de regular el sistema inmune. Estos mecanismos de regulación existen naturalmente en nuestro organismo y son los encargados de frenar en seco la respuesta inmune cuando la amenaza ha sido vencida. Si bien el poderoso arsenal inmune nos defiende eficazmente de infecciones por patógenos y de células cancerosas, si no es regulado apropiadamente y se sale de control puede volverse en nuestra contra, atacarnos y destruirnos. Este sistema regulador recibe el nombre de puntos de control inmunitario y es el encargado de evitar que la respuesta inmunitaria sea tan fuerte que destruya las células sanas del cuerpo.

Cuando las células tumorales consiguen hacerse con el control de este sistema regulador no hay mucho que nuestras células inmunes puedan hacer para defendernos, ya que están programadas para obedecer ciegamente las indicaciones de los puntos de control.

Pero lo esperanza no está perdida, porque la evidencia empírica demuestra que nuestro sistema inmune no deja de luchar, no importa cuántas batallas pierda, se vuelve a levantar y sigue luchando hasta el final. Solo hace falta darle "un empujón", una pequeña ayuda que incline la balanza a nuestro favor. Y esa es justamente la meta de la inmunoterapia: emplear células inmunitarias, anticuerpos y citocinas para darle a nuestro sistema inmune "el empujón" que necesita no solo para ganar batallas, sino para ganar la guerra.

13.4.3. Técnicas de inmunoterapia

La inmunoterapia es un tratamiento indirecto contra el cáncer porque el objetivo de la terapia no son las células tumorales sino las células inmunológicas. Su mecanismo de acción se basa en la restauración, mejora y fortalecimiento de la capacidad de respuesta de las células inmunes frente a células cancerígenas. Si bien no es posible que las células inmunes se hagan cargo de grandes masas tumorales, la reducción inicial del tumor mediante cirugía u otros tratamientos directos incrementa enormemente las posibilidades de éxito de la inmunoterapia. El escenario ideal sería conseguir una respuesta integral que incluya linfocitos T CD8 destruyendo con precisión células tumorales mientras los linfocitos T CD4 estimulan la transformación de linfocitos B en células plasmáticas que marcarán a las células tumorales con anticuerpos para que de esta forma las células innatas y el complemento destruyan a las células marcadas y apoyen a los linfocitos T CD8 en el sitio del tumor. La destrucción constante de células tumorales liberará más antígenos al espacio extracelular estimulando a las células presentadoras de antígenos y reforzando la respuesta inmune antitumoral (Fig. 161).

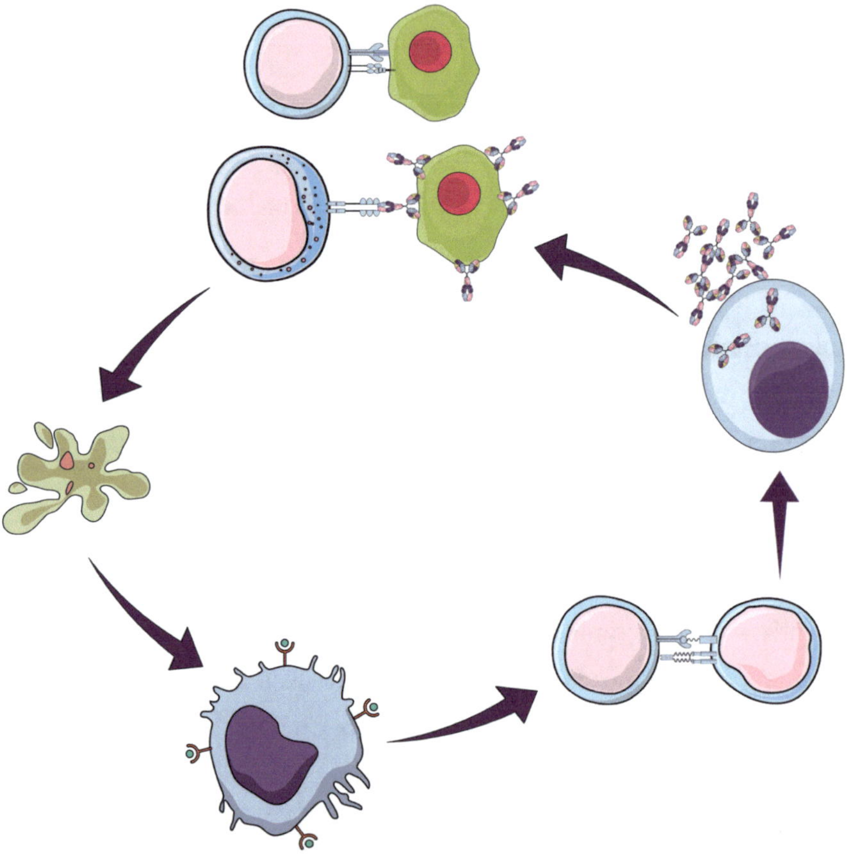

Fig. 161. Círculo virtuoso de destrucción de células tumorales a manos del sistema inmune.

Este círculo virtuoso de destrucción de células tumorales y liberación de nuevos antígenos que diversifican los sitios de reconocimiento inmune permite reforzar y retroalimentar la respuesta natural de nuestro organismo. Sin embargo, para que esto ocurra debemos evitar que las células tumorales se escondan y manipulen los puntos de control inmunitario para protegerse. Esto se consigue empleando cinco estrategias: estimulación de la proliferación y diferenciación de las células inmunes, bloqueo de los puntos de control inmunitarios, vacunas contra el cáncer, virus oncolíticos y terapia adoptiva de linfocitos T.

Estimulación de la proliferación y diferenciación de las células inmunes. En ausencia de estímulos inmunogénicos (infecciones patógenas o células cancerígenas), las células del sistema inmune se encuentran en un estado "somnoliento" inducido por los inmunosupresores que nuestro organismo produce para mantener al sistema inmune a raya. Cuando el estímulo inmunogénico aparece y comienza el procesamiento y presentación de antígenos tumorales, se inicia la producción de una cascada de señalizadores bioquímicos que promueve la proliferación y activación de las funciones efectoras de las células inmunes. Estas señales son emitidas en forma de citocinas que, al unirse a sus respectivos receptores, inducen la activación de la maquinaria necesaria para destruir a las células tumorales. El uso de citocinas sintéticas como la Aldesleukina (forma farmacológica de la interleucina-2) permite estimular artificialmente la activación y proliferación de linfocitos T y células NK, además de inducir la producción de interferón gamma potenciando enormemente la respuesta natural del organismo.

Bloqueo de los puntos de control inmunitarios. Es una estrategia diseñada para impedir que las células tumorales activen los puntos de control que suprimen el sistema inmune. Para ello se hace uso de fármacos que eliminan los "frenos" que sirven para regular la activación y proliferación de los linfocitos T. Los puntos de control que son posibles bloquear mediante fármacos son:

- CTLA-4 (por sus siglas en inglés: Cytotoxic T Lymphocyte-associated Antigen 4). Es un receptor expresado en la membrana de los linfocitos T que funciona como un "botón de apagado" y que, al ser presionado, proporciona señales inhibidoras que "apagan" al linfocito T disminuyendo su función e inhibiendo su proliferación. Para bloquear este inhibidor se hace uso de un fármaco tipo anticuerpo monoclonal conocido como Ipilimumab que se une al receptor CTLA-4 impidiendo que sea "presionado el botón de apagado" y permitiendo a los linfocitos continuar con su labor antitumoral.

- PD-1 (por sus siglas en inglés: Programmed cell Death 1). Al igual que CTLA-4, PD-1 es un receptor ubicado en la membrana de linfocitos T cuya función es limitar el grado de activación de los linfocitos T. Para activarse, PD-1 debe unirse a su ligando PDL-1 presente en la superficie de células presentadoras de antígenos que detectan la sobreexpresión del linfocito T y se acercan para regularlo. Lamentablemente algunas células tumorales también son capaces de expresar el ligando PDL-1 en su membrana, de modo que cuando un linfocito T se acerca para destruirla, la célula cancerígena usa su ligando PDL-1 para inactivarlo. Para evitar que las células tumorales hagan uso de este mecanismo inhibitorio se emplea el fármaco Novolumab, un anticuerpo monoclonal que bloquea al receptor PD-1 del linfocito T, impidiendo que las células tumorales lo activen y escapen.

Vacunas contra el cáncer. El principio de la vacunación radica en entrenar a las células inmunes contra una amenaza potencial, para que al enfrentarse a ella respondan más rápida y efectivamente. La vacunación contra el cáncer se basa en la administración de antígenos tumorales al paciente, de forma que las células presentadoras de antígenos los identifiquen y se los presenten a los linfocitos T, activando "artificialmente" la respuesta inmune antitumoral. Las vacunas se crean seleccionando antígenos asociados a tumores que se expresan preferentemente en células cancerosas, posteriormente son sintetizados en un laboratorio y colocados en un vial que es administrado por vía parenteral al paciente.

Existen dos tipos de vacunas: preventivas y terapéuticas. Las vacunas preventivas se utilizan para evitar la aparición del cáncer y se han desarrollado solo contra virus oncogénicos. Las vacunas terapéuticas se inoculan en pacientes que ya han desarrollado cáncer con la intención de fortalecer y diversificar la respuesta inmunitaria celular. Las vacunas aprobadas hasta el momento son Gardasil y Cervarix. Ambas han demostrado ser eficaces contra la infección crónica por virus del papiloma humano (serotipos 16 y 18), la neoplasia intraepitelial cervical, el adenocarcinoma in situ y el cáncer de cuello uterino.

Virus oncolíticos. Esta terapia emplea virus modificados genéticamente para que infecten específicamente a las células cancerígenas obligándolas a fabricar más virus y destruyéndolas desde adentro. Una vez destruida la célula tumoral se liberan al espacio extracelular millones de virus oncolíticos que infectarán y destruirán nuevas células tumorales. Adicionalmente, esta destrucción en cadena de células cancerígenas liberará nuevos antígenos tumorales que serán identificados por las células presentadoras de antígenos permitiendo estimular constantemente la respuesta inmune adaptativa. A través de esta estrategia se espera eliminar no solo el tumor primario sino también los tumores secundarios que pueden resultar del crecimiento metastásico.

Los candidatos más prometedores para crear virus oncolíticos viables son el virus del herpes simple, el virus del sarampión, el reovirus, el virus de la enfermedad de Newcastle y el virus del valle de Seneca. Hasta el momento los únicos medicamentos aprobados que emplean esta tecnología son Imlygic y T-VEC, ambos derivados de un virus del herpes simple modificado genéticamente y empleados exitosamente para tratar el melanoma.

Terapia adoptiva de linfocitos T. En vez de depender de la respuesta antigénica aleatoria de los linfocitos T, es posible extraerlos del paciente, modificarlos genéticamente, multiplicarlos y reintroducirlos posteriormente. La modificación genética se consigue mediante virus modificados que no causan ninguna enfermedad y que se emplean para insertar información genética dentro del genoma de los linfocitos T. Estos genes, conocidos como genes exógenos, codifican receptores que se expresarán en la membrana de los linfocitos T y que fueron diseñados para el reconocimiento de antígenos específicos expresados en la superficie de las células cancerosas. La modificación genética de linfocitos T es un procedimiento rápido y confiable que ha demostrado ser útil en el tratamiento de neoplasias hematológicas (cáncer en células sanguíneas); sin embargo, han mostrado un éxito limitado en el tratamiento de tumores sólidos.

El uso de una sola de estas estrategias resulta ineficaz en la mayoría de los cánceres avanzados, por lo que usualmente se combinan varias estrategias para conseguir una respuesta antitumoral efectiva. La combinación de los efectos de varios tratamientos para obtener una respuesta más efectiva se conoce como sinergismo y sus resultados son superiores a los obtenidos mediante monoterapia (el uso de una sola terapia anticancerígena).

GLOSARIO

ADN. Sigla de ácido desoxirribonucleico. Es la estructura hegemónica en la que está codificado el genoma de todos los organismos de orden superior como los seres humanos. Se transmite a las células nuevas durante el proceso de división celular. Un cambio o mutación en el ADN puede causar la muerte celular, alteraciones en el funcionamiento normal de la célula y, en ocasiones, cáncer.

ADN polimerasa. Conjunto de proteínas encargadas de aparear las bases complementarias del ADN durante los procesos de replicación y reparación del ADN.

Anticuerpo. Proteína secretada por las células plasmáticas como respuesta a estímulos inmunogénicos externos (microorganismos) e internos (células tumorales).

Antígeno. Partícula con la capacidad de activar la respuesta inmune e inducir la secreción de anticuerpos contra sí misma.

Apoptosis. Mecanismo de muerte celular programado que indica a la célula que debe suicidarse por el bien común.

ARN polimerasa. Conjunto de proteínas que emplean una hebra de ADN como molde para unir bases de ARN y crear un ARN mensajero.

ARN mensajero. Plantilla creada a partir de un gen que contiene la información necesaria para que los ribosomas sinteticen una proteína.

ARN de transferencia. Ácido nucleico de la familia de los ARN usado por los ribosomas para traducir el mensaje contenido en el ARN mensajero.

Cáncer. Enfermedad genética en la que se suprimen los mecanismos de control del ciclo celular, ocasionando que las células crezcan y se dividan descontroladamente.

Célula. Estructura microscópica que cumple con los requisitos fundamentales para ser considerada vida: nacer, crecer, reproducirse, metabolizar nutrientes, interactuar con su entorno y morir. Está formada por una membrana que alberga sus organelos internos, un citoplasma viscoso en la que se encuentran inmersas sus estructuras internas y un núcleo que dicta las órdenes que debe seguir.

Célula plasmática. Última etapa de diferenciación de los linfocitos B y responsable de la secreción de anticuerpos.

Ciclo celular. Ciclo de vida de la célula caracterizado por el nacimiento de dos células hijas a partir de una célula progenitora.

Ciclina. Familia de proteínas que cumple un rol fundamental en la regulación del ciclo celular.

Citoplasma. Líquido viscoso con una consistencia similar a la clara de un huevo en el que se encuentran inmersos los organelos celulares.

Código genético. Conjunto de reglas que establecen el mecanismo empleado por la célula para crear una secuencia de aminoácidos a partir de una secuencia de bases de ARN mensajero.

Desfosforilación. Retiro de una moneda energética.

Enzima. Proteína encargada de acelerar la velocidad a la que se llevan a cabo las reacciones bioquímicas.

Fármaco. Partícula que tiene la capacidad de unirse a un receptor dentro o fuera de la célula y desencadenar una cascada de eventos que culminarán con el efecto terapéutico para el cual fue diseñado.

Fosforilación. Entrega de una moneda energética.

Gen. Trozo de ADN que contienen información codificada transmitida de generación en generación.

Genes supresores de tumores. Genes que codifican proteínas cuya función es detener en seco la progresión del ciclo celular en respuesta a señales internas (como ADN dañado) o externas (señalizadores bioquímicos).

Genoma. Conjunto de todos los códigos contenidos en el ADN que son necesarios para el correcto funcionamiento de las células.

Leucemias. Grupo de trastornos caracterizados por la acumulación excesiva de células sanguíneas inmaduras en la médula ósea y sangre periférica.

Ligando. Partícula complementaria en tamaño, forma y carga eléctrica al sitio de unión de una proteína.

Linfomas. Grupo heterogéneo de cánceres que se origina en las células sanguíneas del sistema linfático.

Matriz extracelular. Red organizada de partículas que rodean y subyacen a las células. Generalmente consiste en una sustancia amorfa fundamental, fibras de proteína y azúcares.

Membrana celular. Corteza que funciona como un recipiente en el que se encuentran inmersos todos los organelos celulares. Su característica principal es la permeabilidad selectiva que le confiere la habilidad de interactuar con el medio externo y discriminar entre lo que debe y no debe entrar a la célula.

Metástasis. Mecanismo empleado por las células cancerígenas para desprenderse de la masa tumoral, migrar a otras partes del cuerpo y formar tumores secundarios.

Moneda energética. Partícula que contiene enlaces fosfato de alta energía fundamentales para la ejecución de la gran mayoría de las funciones celulares.

Mutación. Cambio permanente en la secuencia de las bases que constituyen el ADN del genoma de un organismo.

Mutágeno. Agentes físicos y químicos capaces de dañar irreversiblemente el ADN.

Núcleo celular. Organelo ubicado en el centro de la célula que alberga en su interior al ADN. Su principal función es proteger la información contenida en el ADN a través de barreras físicas, así como controlar su expresión y replicación.

Proteína. Polímero de aminoácidos sintetizado en los ribosomas a partir de una plantilla de ARN mensajero. Son las operadoras de las células y se encargan de desarrollar el programa de actividades que dicta el núcleo.

Protooncogenes. Son genes que codifican proteínas encargadas de promover el crecimiento y la división celular.

Puntos de control del ciclo celular. Señales externas e internas que regulan la progresión de las etapas sucesivas del ciclo celular.

Quinasa. Señalizador bioquímico que emplea monedas energéticas para activar y desactivar funciones celulares. Una de sus principales funciones es regular el ciclo celular.

Receptor. Estructura química que al unirse a su ligando (que puede ser un señalizador bioquímico o un fármaco) desencadena una respuesta biológica capaz de dirigir el comportamiento celular.

Receptor farmacológico. Partícula que al unirse selectivamente a un fármaco es capaz de alterar el comportamiento celular.

Radical libre. Partícula altamente inestable debido a que contiene un electrón desapareado en su último orbital.

Ribosomas. Organelos suspendidos en el citoplasma que desempeñan un papel crucial en la creación de proteínas. Su función es leer los mensajes encriptados que provienen del núcleo y que contienen las instrucciones para sintetizar proteínas.

Señalizador bioquímico. Partícula microscópica que, al unirse a su receptor, envían estímulos dentro y fuera de la célula. Con base en la naturaleza del estímulo recibido, la célula activa o desactiva funciones celulares.

Tumor. Masa celular amorfa formada por millones de células cancerígenas mutantes.

LITERATURA CONSULTADA

Abbas, A. K., Lichtman, A. H., & Pillai, S. (2019). Basic immunology: functions and disorders of the immune system. *Elsevier Health Sciences*, Philadelphia.

Abbas, A. K., Lichtman, A. H., & Pillai, S. (2014). Cellular and molecular immunology. *Elsevier Health Sciences*, Philadelphia.

Airley, R. (2009). Cancer chemotherapy: basic science to the clinic. *John Wiley & Sons*, West Sussex.

Alberts, B., Bray, D., Hopkin, K., Johnson, A. D., Lewis, J., Raff, M., & Walter, P. (2015). Essential cell biology. *Garland Science*, New York.

Atsavapranee, E. S., Billingsley, M. M., & Mitchell, M. J. (2021). Delivery technologies for T cell gene editing: Applications in cancer immunotherapy. *EBioMedicine*, 67, 103354.

Auffray, C., Sieweke, M. H., & Geissmann, F. (2009). Blood monocytes: development, heterogeneity, and relationship with dendritic cells. *Annual review of immunology*, 27, 669-692.

Baskar, R., Lee, K. A., Yeo, R., & Yeoh, K. W. (2012). Cancer and radiation therapy: current advances and future directions. *International journal of medical sciences*, 9(3), 193-199.

Berg, J. M., Tymoczko, J. L., & Stryer, L. (2002). Biochemistry. *W.H. Freeman & Company,* New York.

Brigle, K., & Rogers, B. (2017). Pathobiology and diagnosis of multiple myeloma. *In Seminars in oncology nursing*, 33(3), 225-236.

Bozzone, D. M. (2009). The Biology of Cancer: Leukemia. *Chelsea house*, New York.

Brooker, R. (2014). Genetics: Analysis and Principles. *McGraw-Hill Higher Education*, New York.

Chabner, B. A., & Longo, D. L. Cancer Chemotherapy, Immunotherapy and Biotherapy. *Lippincott Williams & Wilkins*, Philadelphia.

Chang, D. S., Lasley, F. D., Das, I. J., Mendonca, M. S., & Dynlacht, J. R. (2014). Basic radiotherapy physics and biology. *Springer*, New York.

Chen, D. S., & Mellman, I. (2013). Oncology meets immunology: the cancer-immunity cycle. *immunity*, 39(1), 1-10.

Chu, E., & DeVita Jr, V. T. (2019). Physicians' Cancer Chemotherapy Drug Manual 2020. *Jones & Bartlett Learning*, Burlington.

Connors, J. M., Cozen, W., Steidl, C., Carbone, A., Hoppe, R. T., Flechtner, H. H., & Bartlett, N. L. (2020). Hodgkin lymphoma. *Nature Reviews Disease Primers*, 6(1), 1-25.

Cooper, G. M., Hausman, R. E., & Hausman, R. E. (2007). The cell: a molecular approach. *Oxford University Press*, New York.

Delves, P. J., Martin, S. J., Burton, D. R., & Roitt, I. M. (2017). Roitt's essential immunology. *John Wiley & Sons*, West Sussex.

DeVita, V. T., Lawrence, T. S., & Rosenberg, S. A. (2012). Cancer: principles & practice of oncology. *Lippincott Williams & Wilkins*, Philadelphia.

Dietel, M. (2007). Targeted therapies in cancer. *Springer*, New York.

Dong, H., & Markovic, S. N. (2018). The basics of cancer immunotherapy. *Springer*, Cham.

Eroschenko, V. P., & Di Fiore, M. S. (2013). Atlas of histology with functional correlations. *Lippincott Williams & Wilkins*, Philadelphia.

Fior, R., & Zilhão, R. (2019). Molecular and cell biology of cancer. *Springer International Publishing*, Cham.

Gartner, L. P. Cell biology and histology. *Wolters Kluwer Health*, Philadelphia.

Gupta, S. P. (2014). Cancer-Causing Viruses and Their Inhibitors. *CRC Press*, Boca raton.

Hartwell, L., Goldberg, M. L., Fischer, J. A., Hood, L. E., & Aquadro, C. F. (2018). Genetics: from genes to genomes. *McGraw-Hill Education*, New York.

Heim, S., & Mitelman, F. (2015). Cancer cytogenetics: chromosomal and molecular genetic aberrations of tumor cells. *John Wiley & Sons,* West Sussex.

Hoffman, R., Benz Jr, E. J., Silberstein, L. E., Heslop, H., Anastasi, J., & Weitz, J. (2013). Hematology: basic principles and practice. *Elsevier Health Sciences*, Philadelphia.

Houshmand, M., Simonetti, G., Circosta, P., Gaidano, V., Cignetti, A., Martinelli, G., & Gale, R. P. (2019). Chronic myeloid leukemia stem cells. *Leukemia*, 33(7), 1543-1556.

Huber, R. (2017). Human monopoiesis is characterized by distinct and stage-specific gene expression profiles. *British journal of haematology*, 176(3), 341-342.

Hunger, S. P., & Mullighan, C. G. (2015). Acute lymphoblastic leukemia in children. *New England Journal of Medicine*, 373(16), 1541-1552.

Jones P. (2010). The genetic code. *Chelsea house,* New York.

Kaushansky, K., Lichtman, M. A., Prchal, J. T., Press, O. W., Marcel, L., Burns, L. J., & Caligiuri, M. A. (2016). Williams hematology. *McGraw-Hill Education*, New York.

Kierszenbaum, A. L., & Tres, L. (2015). Histology and cell biology: an introduction to pathology. *Elsevier Health Sciences*, Philadelphia.

Klimov, V. V. (2019). From basic to clinical immunology. *Springer*, Cham.

Klug, W. S., Cummings, M. R., Spencer, C. A., Palladino, M. A., & Killian, D. (2019). Concepts of genetics. *Pearson,* New York.

Lane, D. P. (1992). p53, guardian of the genome. *Nature*, 358(6381), 15-16.

Lee, Y. T., Tan, Y. J., & Oon, C. E. (2018). Molecular targeted therapy: treating cancer with specificity. *European journal of pharmacology*, 834, 188-196.

Livshits, Z., Rao, R. B., & Smith, S. W. (2014). An approach to chemotherapy-associated toxicity. *Emergency Medicine Clinics*, 32(1), 167-203.

Lodish, H., et al. (2008). Molecular cell biology. *Macmillan*, New York.

Longo, D. (2013). Harrison's hematology and oncology. *McGraw-Hill Education*, New York.

Mendelsohn, J., Howley, P. M., & Israel, M. A. (2015). The molecular basis of cancer. *Elsevier*, Philadelphia.

Mughal, T. I., Goldman, J. M., & Mughal, S. T. (2013). Understanding leukemias, lymphomas and myelomas. *Informa Healthcare,* London.

Nelson, D. L., Lehninger, A. L., & Cox, M. M. (2008). Lehninger principles of biochemistry. *W.H. Freeman & Company*, New York.

Owen, J. A., Punt, J., & Stranford, S. A. (2013). Kuby immunology. *WH Freeman*, New York.

Passarge, E. (2007). Color atlas of genetics. *Georg Thieme Verlag*, Stuttgart.

Pierce, B. A. (2012). Genetics: a conceptual approach. *W.H. Freeman & Company,* New York.

Pollard, T. D., Earnshaw, W. C., Lippincott-Schwartz, J., & Johnson, G. (2016). Cell biology. *Elsevier Health Sciences*, Philadelphia.

Ratajczak, M. Z., Zuba-Surma, E., Kucia, M., Poniewierska, A., Suszynska, M., & Ratajczak, J. (2012). Pluripotent and multipotent stem cells in adult tissues. *Advances in medical sciences*, 57(1), 1-17.

Rezaei, N. (2015). Cancer immunology: Cancer immunotherapy for organ-specific tumors. *Springer*, New York.

Rodwell, V. W., Bender, D. A., Botham, K. M., Kennelly, P. J., & Weil, P. A. (2018). Harper's illustrated biochemistry. *McGraw-Hill Education*, New York.

Røsland, G. V., & Engelsen, A. S. T. (2015). Novel points of attack for targeted cancer therapy. *Basic & clinical pharmacology & toxicology*, 116(1), 9-18.

Russo, A., Rosell, R., & Rolfo, C. (2015). Targeted Therapies for Solid Tumors: A Handbook for Moving Toward New Frontiers in Cancer Treatment. *Humana Press*, New York.

Shankland, K. R., Armitage, J. O., & Hancock, B. W. (2012). Non-hodgkin lymphoma. *The Lancet*, 380(9844), 848-857.

Shirkhoda, M., Memari, F., Dana, H., Mahmoodzadeh, H., Samarghandi, N., Gharagozlou, E., ... & Marmari, V. (2018). Immunotherapy a New Hope for Cancer Treatment: *A Review. Pakistan journal of biological sciences*, 21(3), 135-150.

Schoenwolf, G. C., Bleyl, S. B., Brauer, P. R., & Francis-West, P. H. (2020). Larsen's human embryology. *Elsevier*, Philadelphia.

Slim, C. L., van IJzendoorn, S. C., Lázaro-Diéguez, F., & Müsch, A. (2014). The special case of hepatocytes: unique tissue architecture calls for a distinct mode of cell division. *Bioarchitecture*, 4(2), 47-52.

Symonds, P. R., Deehan, C., Meredith, C., & Mills, J. A. (2012). Walter and Miller's Textbook of Radiotherapy: Radiation Physics, Therapy and Oncology. *Elsevier Health Sciences*, Philadelphia.

Vogelstein, B., Sur, S., & Prives, C. (2010). p53: The Most Frequently Altered Gene in Human Cancers. *Nature Education*, 3(9), 6.

VanArsdale, T., Boshoff, C., Arndt, K. T., & Abraham, R. T. (2015). Molecular pathways: targeting the cyclin D–CDK4/6 axis for cancer treatment. *Clinical cancer research*, 21(13), 2905-2910.

Wagener, C., Stocking, C., & Müller, O. (2016). Cancer Signaling: from molecular biology to targeted therapy. *John Wiley & Sons*, Weinheim.

Weinberg, R. A. (2006). The biology of cancer. *Garland Science*, New York.

Wickrema, A., & Kee, B. (2009). Molecular basis of hematopoiesis. *Springer*, New York.

Wyld, L., Audisio, R. A., & Poston, G. J. (2015). The evolution of cancer surgery and future perspectives. *Nature reviews Clinical oncology*, 12(2), 115-124.

Younes, A. (2016). Handbook of Lymphoma. *Springer International Publishing*, New York.

Made in the USA
Las Vegas, NV
03 November 2026

57424634R00142